入門 都市計画

Urban planning

都市の機能とまちづくりの考え方

第2版

谷口守［著］

Mamoru Taniguchi

森北出版

第2版 まえがき

本書は，2014年10月に上梓した初版本から内容を社会の変化を見据えて大幅に加筆し，またカラー化を行った改訂版となります．初版本は10刷を重ね，筆者の想像を超える多くの方にご愛読いただき，また改訂に向けての応援メッセージをいただいたことにまず御礼申し上げます．

テレビや新聞を眺めてみると，都市にかかわるニュースや話題が必ず毎日どこかで取り上げられています．それらは商店街の活性化の試みや地域の環境づくりの話題であったり，住宅の空き家問題から防災対策に至るまで，実に多岐に渡ります．そして，それらはいずれもわれわれの生活に大きく影響することばかりです．また，その内容は時代の流れに応じて大きく変化しています．たとえば，地球環境への配慮や，COVID-19感染拡大に伴う人流変化，SNSを通じたまちづくり活動などは，過去には想像だにされなかったことです．これら都市にかかわる様々な課題を的確に把握し，よりよい将来を実現するために，都市そのものや，そこで暮らす人たちに対して働きかけを行う行為が「都市計画」です．

都市計画は，「数学」や「物理」といった学問などと比較すると，一見誰にでも取り組めそうな簡単なことに思われるようです．しかし，将来を的確に読み，現状を客観的に理解し，そして有効な方策を考案することは，きわめて高度な専門性が必要とされます．また，そのようなプランニングといわれる能力は，一度身につけると都市計画の専門にかかわらず，広く社会の中で様々なシーンにおいて活かすことが可能です．本書は，そのような素養をなるべく楽しんで誰にでも身につけていただけるよう，最新の都市計画に関する知識と話題をわかりやすく整理したものです．

なお，優れた都市計画の教科書はすでに数多く出版されています．しかし，それらはおもに都市計画に関連する既存の制度を解説することに主眼が置かれています．制度をきちんと網羅しようとすると，現在ではほとんど使われなくなった制度もある反面，追加される制度もあるので，教科書はどんどん分厚くなっていきます．また，教科書に書いてあることとして現在の制度を最初に頭に入れてしまうと，人間というのは不思議なもので，その制度が正しいという前提のもとでその制度を守るための行動を取るようになります．プランニングにおいて，このような思考停止はもっとも避けなければならないことです．既存の制度をなぞるだけでは，現在の激しい社会変化の中で本来行うべき都市計画の改革が実施できなくなっているということを，まずわれわれは認識する必要があります．

以上のような問題意識から，本書では制度解説は可能な限り最小限に抑え，その反面，具体的な事例を多く交えるようにしました．今後のことを考えるうえで，必ずしも成功例とはよべない事例も学習のために多く取り入れたことも，既存の教科書とは大きく異なる点です．社会が変わっていく中で，どう都市計画に対する「考え方」を変えていく必要があるのか，そしてその手掛かりをどうつかむのか，そのヒントを提示することにむしろ本書は重点を置いています．最初に学ぶ機会において，志高く発想を自由に広げられるようにしておくことは，とくに都市計画の専門家になる人にとってはきわめて大切な要件であると考えるからです．また，都市計画を将来専門としない人にも本書を手に取っていただけるよう，話題を厳選するとともに，平易な解説を心がけました．

改訂版として加筆や内容の改訂を行ったところとして，まず社会のデジタル化に対応して新たにスマートシティやメタバースに関連する11章を設けています．また，SDGsや脱炭素をめぐる最新の話題，およびCOVID-19の感染拡大やオンラインワークに関する影響についても，最新の調査結果を交えながら解説を新たに加えています．さらに，各図表などの数値データなども，最新のものに置き換えています．一方で，まだ整理が不十分な点や私見に基づく不勉強な記述も残されているかと思い，皆様のご批判を得ることで引き続き内容の改善を図っていきたいと考えています．

なお，本書の記載事項には，研究室の代々の学生との取り組みや議論を経て得られた成果も少なくありません．資料整理にあたっては秘書の岡本律子氏，齋藤佳子氏のお世話になりました．また，本書が世に出る道筋をつくっていただいた森北出版（株）の石田昇司氏，丁寧な校正，編集をいただいた富井晃氏，大野裕司氏に巡り合えたことは大きな幸運でした．記して謝意を申し上げます．

2023年7月

つくば市研究学園にて
谷口　守

目　次

Chapter 01 はじめに－なぜ都市ができるのか ―― 1

1.1　競争と安定－ホテリングモデル　1
1.2　都市の構造　3
1.3　都心と郊外の成立－アロンゾ付け値地代　5
1.4　集積の利益と都市　6
1.5　都市の階層性　7
1.6　都市のライフサイクル　8
参考文献　9

Chapter 02 現代都市の問題 ―― 11

2.1　都市化の実態　11
2.2　スプロール　12
2.3　人口減少と高齢化　15
2.4　リバース・スプロールの時代へ　16
2.5　社会資本の維持管理　18
参考文献　19

Chapter 03 都市の進化とプランニング ―― 20

3.1　プランニングのはじまり　20
3.2　都市の展開　22
3.3　近代化と都市計画　24
3.4　田園都市とニュータウン　26
3.5　自動車時代の計画　28
3.6　競争する世界都市　31
参考文献　33

Chapter 04 計画概念とプランナー 35
4.1 様々な計画概念 35
4.2 計画をめぐる誤解と課題 36
4.3 プランナーの役割－都市や地域のドクター 40
4.4 地域概念 42
4.5 計画の段階的構成 43
4.6 上位計画（国土計画，広域計画）を考える 45
参考文献 48

Chapter 05 暮らしを支える都市 49
5.1 施設配置を考える 49
5.2 「都心」対「郊外」 51
5.3 交錯する都市 53
5.4 弱者を支える 55
5.5 安全な都市 57
参考文献 60

Chapter 06 豊かな都市空間を考える 61
6.1 心休まる空間づくり 61
6.2 風土と歴史を活かす 63
6.3 都市デザインと景観を考える 65
6.4 空間利用の効率化 67
6.5 生活の質を考える 70
6.6 選択肢を確保する 71
6.7 愛着をもてる空間に 72
参考文献 74

Chapter 07 持続可能性（サステイナビリティ）に取り組む 75
7.1 持続可能性とは 75
7.2 SDGsと脱炭素 77
7.3 緑を考える 78
7.4 人口上限を論じる 80
7.5 環境負荷を測る－エコロジカル・フットプリント 82
7.6 損なわれたものを取り戻す 83
7.7 トレード・オフを理解する 85
参考文献 87

Chapter 08 都市計画の基本的な制度 88
8.1 基本的な仕組み 88
8.2 マスタープランと都市計画区域 90
8.3 区域区分と地域地区 92
8.4 地区計画 96
8.5 市街地開発事業 100
8.6 容積率と斜線制限 102
参考文献 103

Chapter 09 都市の再構築 105
9.1 都市再構築のポイント 105
9.2 市街地再開発事業 106
9.3 民間による再開発 109
9.4 都市再生特別措置法と都市の再構築 111
9.5 地方都市で考える 114
9.6 蘇生する都市 115
9.7 まちのボリュームを減らす 118
9.8 多様性の強み 119
9.9 クリエイティブシティへの展開 120
参考文献 122

Chapter 10 都市をコンパクトに 123
10.1 コンパクトシティ 123
10.2 都市の見かけと中身 126
10.3 「拠点に集約」から「拠点を集約」へ 128
10.4 どこに住むべきか 129
10.5 「都市の密度」と「接触の密」 131
参考文献 132

Chapter 11 スマートシティからメタバースへ 134
11.1 スマートシティ 134
11.2 MaaS と CASE 135
11.3 再生可能エネルギーを活かす 136
11.4 COVID-19 が変えた世界 139
11.5 生活圏の再編 140
11.6 「実空間」対「サイバー空間」 141

11.7 メタバースからニュー・スリーマグネット論へ　143
参考文献　144

Chapter 12 合意と担い手 ―――― 147
12.1 意見を活かす　147
12.2 合意形成とNIMBY（ニンビー）　148
12.3 専門家を活かした決定方法　150
12.4 市民参加のデザイン　152
12.5 ソーシャル・キャピタルを考える　155
12.6 行動変容の重要性－競争から協調へ　156
参考文献　159

Chapter 13 これからの都市づくり ―――― 160
13.1 好きな都市，嫌いな都市　160
13.2 思考停止がもたらすこと　162
13.3 何のための制度か　163
13.4 次の進化に向けて　164

索　引　168

※出典の記載がない写真は，すべて筆者（谷口守）撮影によるものです.

はじめに－なぜ都市ができるのか

本章では，都市がなぜできるのか，まずその基本的なメカニズムを解説します．また，都市の内部構造についても，その基本的な形成メカニズムを整理し，都市の本質的な特徴ともいえる，様々な活動が集まることで生じるメリットすなわち集積の経済について，その概要を説明します．さらに，複数の都市の間では序列（階層性）が生じることを解説し，時間の変遷に伴ってどのようなパターンで都市が拡大，衰退するかについても考察を加えます．

1.1 競争と安定－ホテリングモデル

文明の発達に伴い，人間は特定の場所にかたまって住むようになり，その結果，世界各地に都市が生まれました．「**神は田園をつくり，人間は都市をつくった**」といったのはローマ時代の哲学者ウァロです．近年では，**図 1.1** のような魅力あふれる都市が世界各地に出現しています．人間は都市をつくる動物であり，また，都市はわれわれの最大の創造物です[1]．その景観や成り立ちは田園（**図 1.2**）とは大きく異なっています．全人口のうち都市に住む者の割合（都市人口率）は，わが国では 1920 年では 18%でしたが，2015 年には市町村合併の影響もあり，91.4%となっています[2]．また，国連によると，2030 年には世界人口の 6 割は都市に集中するといわれています[3]．都市は生活や生産の中心となり，様々なすばらしい機会を提供してくれます．しかしその一方で，注意しないと環境悪化や荒廃などの様々な問題

図 1.1　都市の景観（米国，サンフランシスコ）［撮影：谷口洵］

図 1.2　田園の景観（茨城県）

も生みます．そのような重要な意味をもつ都市の成り立ちを知り，将来世代にわたって持続可能な社会を実現していくことは，われわれ一人ひとりに課せられた責務であるといえます．その責務に少しでも貢献できるよう，本書は，都市計画にまつわる様々な疑問に答え，必要な知識や考え方を整理していきます．その中でまず，最初に**どうして都市ができるのだろうか**といういきわめて基本的な疑問がわきます．

都市には多くの様々な人が住み，またそこで多様な活動が行われます．一言でいえば，都市はとても複雑です．ここでは，どうして都市ができるのかという疑問にわかりやすく答えるため，このような複雑な都市活動から本質的な要素のみを抽出し，シンプルな問題に変換して解説を行います．**図 1.3** にその概要を示します．まず，実際の都市空間は国土の地表面上に南北にも東西にも広がっていますが，ここでは図に示すような一本の線として国土全体を簡単に表現します（線形国家）．また，この線形国家上には，国土全体に居住者が均等に分布しているとします．図中にその分布状況を↓という記号として示します．さらに，文明の発達に伴い，居住者の消費活動ニーズを満たすために商店が必要になります．ここでは，同じ商品を同じ価格・サービスで売る二つの商店A，Bができたと仮定し，初期条件として，たとえば図(a)のように配置します．ここで，居住者はいずれの商店に買い物に行ってよいのですが，自然な考え方として，自分の住んでいるところからもっとも近い商店の方を選択するとします．このため，図(a)の線形国家の左半分の居住者は商店Aに，右半分の居住者は商店Bに買い物に行くことになります．

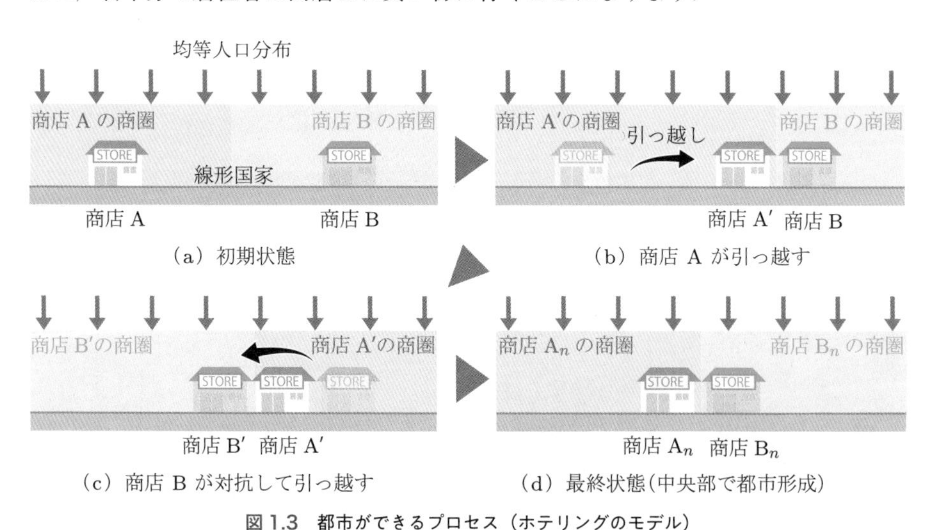

図 1.3　都市ができるプロセス（ホテリングのモデル）

さて，二つの商店は当然のことながら，自分の商店での売上を増やし，利益を大きくしたいと考えます．そのためには少しでも多くの居住者に買い物に来てもらいたいと考えます．ここで，現象を簡単に扱うために，少し現実的ではない仮定ですが，商店の引っ越し費用を考慮しない（引っ越しコストは0である）とします．そうすると，たとえば商店Aの最適戦略（=**どこに引っ越せば自分の利益を最大にできるか**）はどうなるでしょうか．この答えは，図(b)のように商店Bのすぐ左隣のA′に引っ越せばよいということになります．そうすれば，いままで商店Bへ買い物に行っていた居住者の左半分を新たに顧客として手に入れられます．

一方，このような状況になって商店Bは黙っているでしょうか．商店Bも引っ越し費用はかからないという条件は同じです．このため，今度は商店Bが図(c)のように商店A′のすぐ左側のB′に引っ越せば，いままで商店A′が確保していた顧客をほぼそっくりそのまま勝ち取れます．そして，このような引っ越し合戦による顧客の取り合いは，これと同じ考え方で何回か繰り返されることになります．最終的にどのような形になるかというと，n回の引っ越しの後，図(d)のように，線形国家の中心部で両商店A_n，B_nが隣接する形で立地します．

この最終形は，どちらかの商店がさらに引っ越しをしようとすると，その方が顧客を減らしてしまうため，これ以上の引っ越しは行われず，両商店の立地はここで固定されます．この状態が，機能が広がらずにまとまって立地する「都市」の成立を説明しています．図(a)の初期状態と図(d)の最終状態を比較すると，両商店の立地場所は変化していますが，各商店が確保できる顧客数は結局同一です．このうち，前者が競争を通じて立地パターンが簡単に変わっていってしまう状態であるのに対し，後者の都市化した状況はそれ以上変化が生じません．この前者のような状況を「不安定」な状況，後者のような状況を「安定」な状況とよびます．最初に二つの商店をこの線上のどの場所に配置しても，同じ理屈で**少しでも大きい相手の商圏を奪う形で移転を繰り返す**ことで，最終的に得られる結果はいずれも同じになります．この一連の都市形成の論理的説明は，ホテリングのモデル[4]として知られています．

1.2 都市の構造

さて，いままでの解説では，簡単化のため，都市を国土の中の点のように扱ってきました．しかし，実際の都市はこのような点ではありません．それぞれに一定の広がりをもっています．少しずつ都市の理解を広げていくため，次は，いままで点として考えていた都市の中がどのようになっているかを考えていきましょう．都市の理解を進めるうえで効果的で簡単な方法は，まず，**あなたのまちの簡単な地図を書いてみる**ことです．精密でなくても結構ですから，一度まちのどこに何があるか，思いだしながら実際にまちの地図を書いてみてください．なお，地図を書く際は，図の上を北にします．また，市役所や水田など各種の施設や土地利用には定まった地図記号がありますので，それらを使いましょう．よくご存じないという方は，この機会にそれらも併せて学習するとよいでしょう[5]．とくに今回は，あなたのまちの土地利用がどうなっているかに注意して書いてみてください．

まちのなりたちを考えてみると，**図 1.4** に示すシルエットイメージのように，ほとんどの都市において，商業や業務施設が比較的集まって立地している都心部があり，そこから離れるに従って住宅，農地といった土地利用の割合が増えていくことがわかります．最近では郊外の農地の真ん中に大きなショッピングセンターが建設され，昔からの中心市街地がさびれてしまった都市も少なくありません．しかし，そうであっても，一定規模以上の都市では商業施設やオフィスの立地するまちなかと，その外側に存在する郊外という大きな図式は変わっていません．

このような都市の内部構造をもっとも単純な形で図化したのがバージェスで，**図 1.5** に示す**同心円地帯モデル**を 1923 年に発表しました[6]．土地利用区分の考え方

図 1.4　都市構造の一般的なシルエットイメージ

図 1.5　同心円地帯モデル[6]

こそ現代と同一ではありませんが，現在われわれが住んでいる都市においても，都心から郊外に向かって中心業務地区（CBD：Central Business District），高層住宅地，一戸建て住宅地，農地などが**同心円的な土地利用で広がっている**ことを確認できます．では，いったいどうしてこのような同心円型の都市構造が形成されるのでしょうか．

1.3 都心と郊外の成立 ― アロンゾ付け値地代

このような同心円型の都市構造が形成されるのは，それぞれの土地に対し，その場所の条件に応じてそれぞれその場所を使いたい人が考えている期待度の高さが異なるからです．たとえば，百貨店など小売業を営む人は，集客が見込める場所でお店を開くことができれば大きな利益が期待できます．その一方で，誰も来ないまちはずれにお店を開く意味はありません．このため，小売業者は，都心の土地に対しては高いお金を支払ってでもそこを手に入れたいと考えていますが，まちはずれの土地に対しては，どんなにそこが安い値段でも手に入れる意味はないと考えます．このような，「**その場所がいくらなら立地してもよいか**」と考える金額のことを，「付け値地代」といいます．小売業の付け値地代は都心では非常に高く，不便な場所になるに従って急激にその値は減少します．このため，**図 1.6** に示すように，小売業者の付け値地代は都心の高い値段から郊外に向かって急激に低下します．このように，その場所ごとの付け値地代を結んだ曲線を「付け値地代曲線」といいます．

小売業以外のほかの土地利用主体についても，それぞれの付け値地代曲線があり

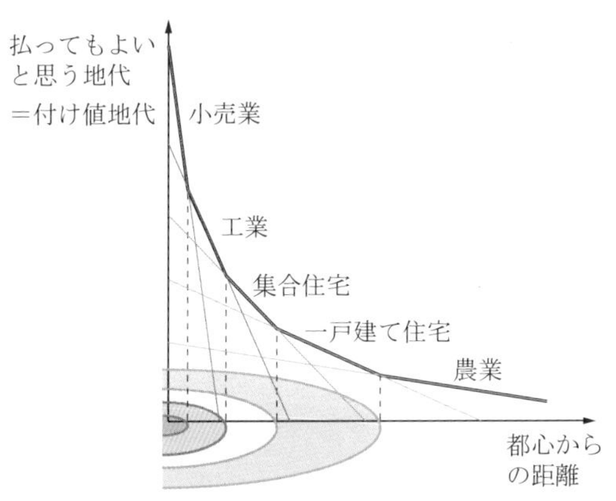

図 1.6 アロンゾの付け値地代と都市の内部構造

ます．たとえば，集合住宅でも，小売業と同じように便利な都心にある方が，不便な周辺部にあるよりも住居として人気があるため，集合住宅の建設者としては都心側でより高い付け値地代をつけることになります．しかし，その値の高さは都心部では小売業には通常かないません．それは，同じ単位面積で比較した場合，小売業の方が集合住宅よりも都心では大きな利潤をあげることができるためです．一方，集合住宅は多少都心から離れたからといって，その価値が急に小さくなったりはしません．集合住宅の付け値地代曲線は小売業のそれと比較すると，ゆるやかな傾きで郊外に向けて付け値地代を下げていきます．

一方，土地の供給者（たとえば不動産業者）の視点から見ると，その土地に対して最高額の付け値地代をつけた者と土地を取引したいと考えるのはきわめて自然です．このため，小売業，一戸建て住宅などの各立地主体の都市内の各場所での付け値地代を相互に比較し，その中で**一番高い値段をつけた主体にその土地を供給する**という流れの中で都市全体の土地利用が決まってくると考えられます．このような付け値地代の考え方を提唱したのはアロンゾ[7]で，図 1.6 に示したような付け値地代曲線に基づく都市内の土地利用区分を合理的に導出しています．この図では，各主体による付け値地代曲線の最上部にある太くなっている線分が，それぞれの場所で顕在化（実際に立地）する用途を表現しています．この検討からも明らかなとおり，都市における同心円型の土地利用は，**各立地主体のその土地に対する期待度**という観点から合理的な説明ができるのです．

1.4 集積の利益と都市

このようにして一度形成が進んだ都市は，その都市化が進むとさらに都市としての機能を高めていきます．都市の本質は様々なものが「集まる」ことにあります．「集まる」ことによって，はじめて可能になる新たな事柄が数多くあります．たとえば，鉄道やバスなどの公共交通サービスは，都市の規模が大きくなればそれだけ密なネットワークで頻度の高いサービスを提供できるようになります．そのように都市サービスが向上すれば，都市の魅力がさらに高まり，またその都市への新たな参入者が増えて，都市化がさらに進むことになります．また，居住者が多くなれば，それだけ専門的に分化したサービスを提供できるようになり，それによってまた都市の魅力が高まります．

以上のように，様々な機能や活動が集まることによって，**都市では「集積の利**

益」が発生します．この，集積の利益は，「規模の経済」と「集積の経済」という二つの概念から構成されています[8]．

❶ 規模の経済

たとえば，道路，鉄道，上下水道，教育施設など，不特定多数の人間に利用される社会基盤（インフラ）は，それを支える人が多いほど（＝都市の規模が大きくなるほど），低コストでの利用が可能になります．これを規模の経済といいます．

❷ 集積の経済

集積の経済には，次の二つのタイプが存在します．

a）地域特化の経済：特定の機能が特定の場所に集積することによって発生する効果です．たとえば，東京の秋葉原には電器店が集積しているため，電気製品をまちなかで買うのなら，ほかの場所よりも秋葉原が行き先として選ばれるのは，この地域特化の経済によるものです．

b）都市化の経済：性格の異なる様々なものが同じ場所にあることにより，通常単独では期待できない効果を生むことを指します．たとえば，大都市ではプログラマー，同時通訳者，出版社，弁護士など各種の専門的なサービスを容易に受けられるため，それらを背景に新しいビジネスが展開できるといった例が挙げられます．

なお，その一方で，**活動の集積が過剰に進むと，逆に集積の不経済が発生することにも注意が必要**です．たとえば，交通渋滞や環境汚染などは集積の不経済の典型例といえましょう．集積の不経済が発生すると，都市の活動に様々なマイナスの影響が生じますので，それを未然に防ぐよう，都市をよく計画しておくことが大切です．

1.5 都市の階層性

いままでは一つの都市に着目する形でお話ししてきましたが，実際の都市空間では，一定の広さの地域の中に複数の都市が存在しています．また，一つの自治体であっても，広域合併を行った都市などは，その中に複数の中心地を擁していることが少なくありません．このような都市（ここでは中心地といい換えます）が広い地域の中でどのようなパターンで分布するかは，その中心地の規模の違いも含め，一定の法則性があることが昔から指摘されてきました．たとえば，農村地帯に自然発生的に生じる小さな中心地である集落は，大きな中心地である大都市よりははるかにその数が多く，地域に広く分布しているのが一般的です．また，数が少ない規模の大きな中心地は，それより規模の小さい周囲の中心地やその圏域を後背圏（ヒンターランド）として，その存立基盤としています．これら中心地間では，相互に商圏の拡大競争を通じてその後背圏の取り合いを行ったり，一方で中心地間での交易といった協調的な関係性をもちながら，**中心地の間に一定の序列（階層性）が生まれてくる**ようになります．

そのような中心地の階層性に関する法則を，クリスタラーは**図 1.7** に示す概念によって整理しています[9,10]．地形的に障害がない平面空間で，場所による生産力に違いがない場合，小さな点である集落から，大きな○である大都市までが，それぞれ六角形の大きさの異なるテリトリーを重ね合わせながら，各六角形の中心地として機能していることを示しています．

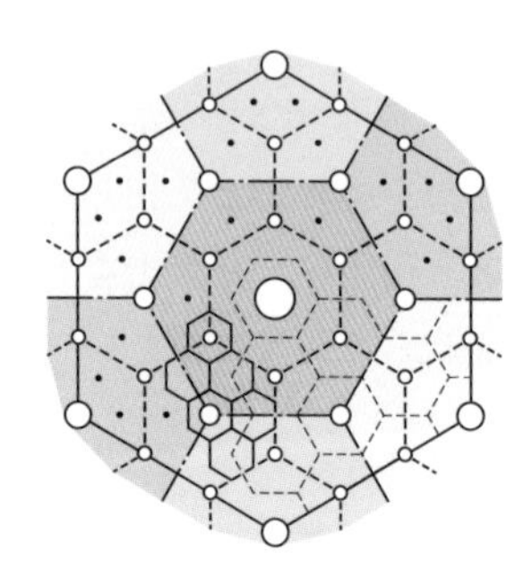

図 1.7　クリスタラーによる中心地階層性の例示[9]

1.6　都市のライフサイクル

また，都市は人間と同じように，生まれ，成長し，様々に活動し，そして老化します．ある瞬間だけ都市を見ると，それは昔から同じような姿であったかのように思いますが，時間軸を追ってみると，それぞれの**都市はダイナミックに刻々とその姿を変えている**ことがわかります．その動きには一定の周期的な法則性があることも以前から指摘されています．具体的には，中心都市の成長に伴い，一定の時間遅れを伴って人口の郊外化が発生します．その流れが続くと，中心都市はむしろ人口減少が発生し，郊外だけが成長する時期が続きます．その次の段階として，郊外の成長がピークを過ぎ，都市圏全体が衰退するか，もしくは中心都市がリニューアルされて再成長をはじめるケースも存在します[11,12]．

このような都市のライフサイクルを，より広範な視点から表現したものが，**図1.8**です．ここでは，大都市圏以外の周囲からの人口流入の影響も考慮し，また，周辺都市も一定の中心地区をもつと考えた場合，どこで成長と衰退が発生するかを時間を追って段階的に例示しています．なお，社会環境も時代に応じて様々に変化することから，どの都市も必ずこのライフサイクルをたどるというわけではありません．また，都市も人間と同じで，何か問題が発生しそうなことに対して計画的に予防措置がなされると，その健康寿命は長くなります．そして困ったことに，健康でない都市が少なくないというのが，現在のわが国の状況となっています．

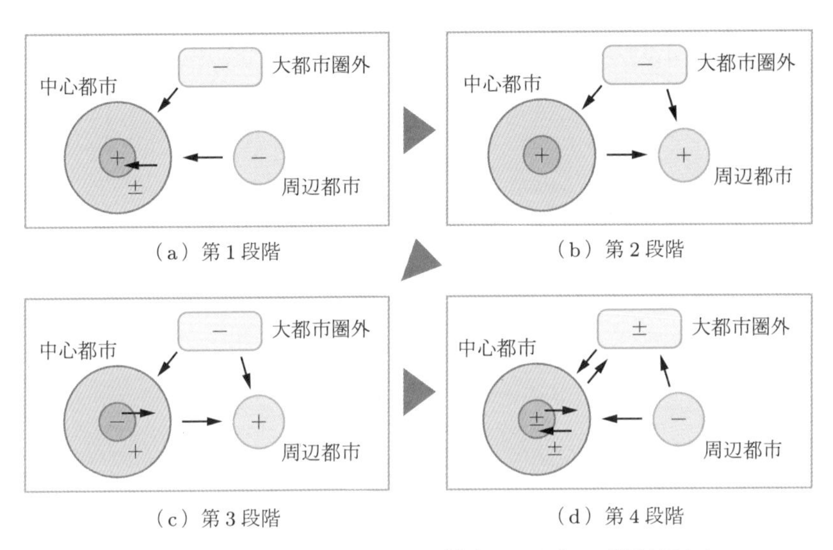

図1.8　都市の段階的成長パターンの一例（＋，－は人口の増減を示す．）

参考文献

［1］ P・D・スミス著，中島由華訳：都市の誕生，河出書房新社，2013.

［2］ 地理統計要覧，Vol. 63，二宮書店，2023.

［3］ 国連人口部：World Urbanaization Prospects: The 2011 Revision.

［4］ Hotelling, H.: Stability in Competition, Economic Journal, Vol. 39, pp. 41–57, 1929.

［5］ 日本地図センター：地形図の手引き 五訂版，2003.

［6］ Burgess, E.: The Growth of the City, The City, ed. by Park, R., Burgess, E. and Mckenzie, R., University of Chicago Press, 1925.

［7］ Alonso, W.: Location and Land Use, Harvard University Press, 1964.

［8］ 山田浩之：都市の経済分析，東洋経済新報社，1980.

［9］ Christaller, W.: Die Zentralen Orte in Süddestschland, 1933.

[10] 大友篤：地域分析入門 改訂版，東洋経済新報社，1997.
[11] Klaassen, L. H. and Paelinck, J. H. P.: The Future of Large Towns, Environment and Planning A, Vol. 11, No. 11, 1979.
[12] Hall, P.: The World Cities, Third Edition, Weidenfeld and Nicolson, 1984.
[13] 谷口守：生き物から学ぶまちづくり，—バイオミメティクスによる都市の生活習慣病対策—，コロナ社，2018.
[14] 高橋伸夫・菅野峰明・村山祐司・伊藤悟：新しい都市地理学，東洋書林，1997.
[15] 富田和暁・藤井正編：新版図説大都市圏，古今書院，2010.
[16] 松原宏：現代の立地論，古今書院，2013.
[17] 藤井正・神谷浩夫編著：よくわかる都市地理学，ミネルヴァ書房，2014.

現代都市の問題

本章では，わが国の都市化が，高度経済成長期を中心にどのように進展してきたか，その実態と，東京大都市圏郊外のように，その急激な変化がもたらした諸問題を解説します．また，現在までの無秩序な市街化（スプロール）と，今後予想される人口減少や高齢化に伴い，都市活動の撤退がもたらす問題にも焦点を当てます．とくに，建物などが逆に市街地から無秩序に抜けていくリバース・スプロール問題や，急を要する今後の社会資本の維持管理問題にも言及します．

2.1 都市化の実態

江戸時代後期，わが国の人口はおよそ3000万人であったといわれています．明治以降，わが国の人口は大きく増加し，総務省統計によると，2008年（平成20年）に1億2808万人のピークを迎えました[1]．この間，国内における人口分布の状況も大きく様変わりしています．たとえば，**表2.1**は明治初期と現在で国内の人口上位都道府県がどのように変化したかを示したものです．明治前期の人口統計は必ずしも正確なものではありませんが，それでも，この140年の間にわが国の中で大きな人口変動が生じたことが読み取れます．東京都についてだけ見ても，この間に人口はおよそ12.9倍にも増加しています．日本の長い歴史の中で，この100年ほどの間に，**とくに大都市圏域において急激な都市化**が生じたことがわかります．

表2.1　人口上位都道府県の変化

1873年（明治6年）			2022年（令和4年）		
順位	都道府県名	人口（万人）注1)	順位	都道府県名	人口（万人）注2)
1	新潟	144	1	東京	1379
2	兵庫	131	2	神奈川	922
3	愛知	122	3	大阪	880
4	広島	113	4	愛知	753
5	東京	107	5	埼玉	739

注1）甲種丁府県別人口［社会工学研究所：日本列島における人口分布の長期時系列分析，1974. より作成］
注2）住民基本台帳より推計

では，このような都市化は実際にどのように進行していったのでしょうか．東京23区を中心に，そのことをわかりやすく例示したものが，**図 2.1** です．この図から，まず，江戸時代から明治初期にかけての東京の市街地は，きわめて狭い範囲にしか広がっていなかったことが読み取れます．その一方で，戦後の1954年から73年にかけての高度経済成長期の時期に，とくに急速な拡大が進みました．この時期は都市圏に多くの雇用が発生し，全国から多くの人が流入してきたことが，このような急拡大をもたらした主因です．このような急激な都市空間の変化は，様々な問題をもたらしました．以下では，そのような問題を理解するために，典型的な郊外地区の一つである図2.1中のAの部分を拡大して見ていきましょう．

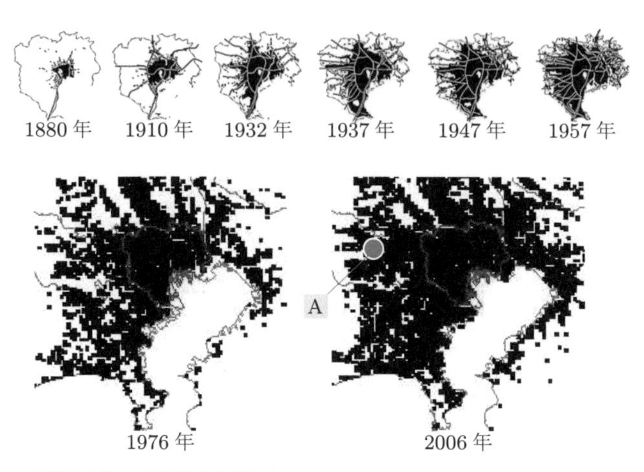

図 2.1　市街地の拡大（東京の場合）
[（出典）新谷洋二：都市交通計画，技報堂出版，1993（1880年から1957年の図）]

2.2 スプロール

図2.1の場所Aは，何か意図があってこの場所を特定したわけではなく，まったく適当に選んだものです．というのも，わが国の大都市圏郊外ではいずれも同様の現象と問題が発生しており，ある意味，ほぼどこでも同じ現象の観察と説明が可能だからです．まず，**図 2.2** には，この場所で都市化が進行する以前の1956年時点の地図を示します．さらに，**図 2.3** に，図2.2とまったく同じ場所について，まったく同じ縮尺で都市化が進行した後の1991年時点の地図を示します．

この両方の地図を見比べると，わが国の都市化がもたらした本質的な課題が見え

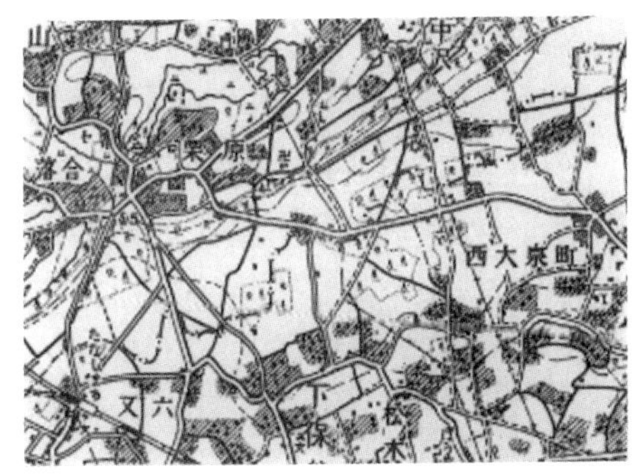

図 2.2　都市化が進展する以前の東京郊外（1956 年）
［（出典）国土地理院，2 万 5 千分の 1 地形図（吉祥寺）］

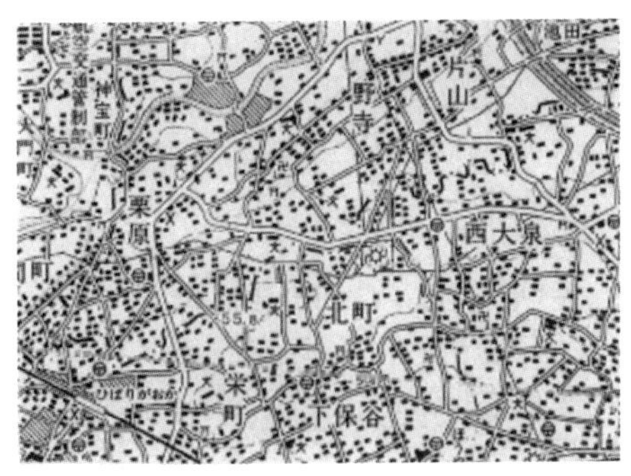

図 2.3　都市化進展後の東京郊外（1991 年）
［（出典）国土地理院，2 万 5 千分の 1 地形図（吉祥寺）］

てきます．図 2.2 より，東京郊外であっても，都市化以前はいわゆる農村集落が広がっていたことがわかります．集落が点在し，森林など自然的土地利用が広がり，道路もあくまで農村集落に対応した「いなか道」のネットワークでした．一方で，図 2.3 を見ると，このような農村集落の骨格構造はそのままです．ただ単にその中に住宅をつくれば売れるから，という理由で住宅などの建物がどんどんつくられてきたのだということがわかります．これは，人口が増えて都市になるからといって，その増加があまりに急であったため，**最低限都市として必要な道路などの社会基盤の準備が十分になされなかった**ということです．

このような状況をさらにミクロに見ていくと，どうなっているでしょうか．たとえば，このような場所での住宅建設は，地域が一体となって計画してできたものではありません．田畑や森林をもっている地主が不動産市場の動向を見ながら，自分の都合に基づいて，個別の用地（土地登記上の一区画を「一筆（いっぴつ）」といいます）を住宅地として提供してきたわけです．このため，地域の中では，住宅化した筆や，そのまま田畑や森林として残っている敷地が混在し，土地利用の一種混乱した状況が生まれています．このような**無秩序な都市化に伴い，都市的土地利用が無計画に散在する状況のことをスプロール**といいます．この状況はあたかも芋虫が葉を食い荒らしたかのようであり，日本語では蚕食（さんしょく）という言葉をあてます．**図 2.4** に，スプロールを構成する典型的なミニ開発，**図 2.5** に，スプロールの概念を示すための典型的な景観例をそれぞれ示します．

日本の都市周辺部では広く見られる光景ですが，それは計画的な都市化が十分にできなかったためです．このようなスプロールは，様々な都市問題をもたらします．

図 2.4　スプロールを構成する典型的なミニ開発
（岡山県津山市）

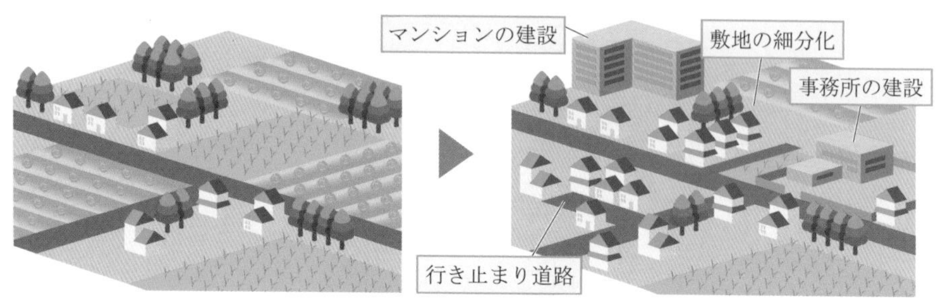

図 2.5　スプロールの概念図

少し考えてみるだけでも，以下のようなことが挙げられ，無計画であるために，結局，様々な面でわれわれが社会として負担しなければならないコスト（これをスプロール・コスト[2]といいます）が高くついてしまうということがわかります．

❶ 道路などの社会基盤が十分に準備されないため，渋滞などによる社会的損失，外部不経済が発生します．また，公園や必要な都市施設が配置されないことで，様々な都市サービスが不足します．

❷ そのような問題を改善しようとしても，スプロール市街地形成後の社会基盤整備は，そのコストが膨大となります．たとえば，住宅や施設が点在するため，上下水道や道路などのライフラインは長くて非効率なネットワークになってしまいます．また，社会基盤整備がなされる前から一部が住宅地として販売されることで，すでに地域の地価が上昇している場合が多く，このため基盤整備のために必要な用地の取得費などもかさみます．ちなみに，このような道路・公園・下水道などの整備コストだけを取り上げても，スプロール市街地の整備は，計画的な整備と比較して5倍以上の費用を要するとの試算もあ

ります[3].

❸ そもそもこのようなスプロール市街地は，居住地としての景観や生活環境もよくありません.

❹ 居住者がどのように都市内で生活するかを見越して準備された住宅地ではないため，公共交通サービスとの対応も悪く，自動車に依存した生活を送る居住者の割合が高くなります．そのようなスプロール市街地が増えることによって，公共交通や中心市街地の衰退が進み，居住者が高齢化してからの生活もより困難になります.

都市を構成する一人ひとりが自分の利益のみを追求するのが正しいことである，と信じられているような社会では，当然ながらこのようなスプロール問題は深刻化していきます．個人が**計画というプロセスを通じて社会的な協調を行うことを通じ，より大きな社会的便益を得られるように**考えていく必要があるといえましょう.

2.3 人口減少と高齢化

さて，近年までは人口が増加していたこともあり，このような無秩序な郊外開発に伴うスプロールが都市の大きな問題となっていました．しかし，わが国の人口は2008年をピークにすでに減少しはじめています．**図 2.6** には，人口問題研究所の推計に基づき，今後わが国がどのような人口減少に直面するかを示します．グラフの変化を見ると，高度成長期における急激な人口増加率に匹敵するほどの**急激な人口減少**が生じることになります．また，そのような変化に合わせ，かつては10%以下であった高齢者の割合が，すでに20%を超えており，今世紀中頃には40%を超

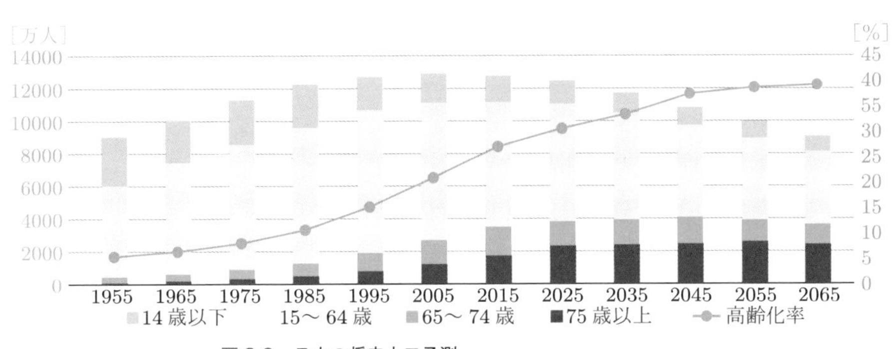

図 2.6　日本の将来人口予測
[令和 2 年度版 高齢社会白書，2020. より作成]

えるという年齢構成の**急激な高齢化**も併せて読み取ることができます．

高齢者の割合がこのように増えるということは，何を意味するでしょうか．公共交通が不便な郊外に住宅を買って住んでいる人は，高齢になって自動車が運転できなくなると，即座に日常生活に支障が出てしまいます．周囲に助けてくれる人のいない高齢者が，郊外の不便な住宅地に数多く取り残されるという大問題がすでに発生しています．自動車が使えなくなってからの生活を想定せず，十分な計画に基づかずに郊外へ郊外へと広がった都市では，時間の経過とともにこのような高齢化問題も顕在化してきます．

また，そもそも都心から距離のある郊外住宅団地では，最近では図 2.7 のように，基盤整備を行っても，住宅立地そのものが進んでいないケースも散見されます．これらは，**過去にわが国の成長期において生じてきた様々な都市問題とは，明らかにその様相が異なることを理解しなければなりません．**

図 2.7　造成はしたものの，住宅立地が進まない郊外住宅地（岡山県）

2.4　リバース・スプロールの時代へ

2.3 節で述べたとおり，わが国ではすでに人口のピーク時を過ぎ，人口減少がはじまっています．以前より，都市域から離れた交通の便が不便な山間地（中山間地域）などの過疎地では，継続的に人口流出が見られていました．しかし，近年では，これまで右肩上がりで人口が増えてきた大都市などでも，場所によっては人口減少が生じています．そのような場所では，空き地（建物消失）や空き家が増加しつつあります．ちなみに，建物はそれぞれ個別の事情で撤退しており，その建物消失の発生パターンは，ちょうどその場所がスプロール市街地化する際にたどった**無秩序**

に建物が立地してきたプロセスを逆向きに裏返した（リバース）パターンになっているといえます．筆者は，これを逆向きのスプロールとして，便宜的に「リバース・スプロール」とよんでいます．わが国の人口がピークを迎える以前の時点において，地方都市ではすでにこのようなリバース・スプロール現象が発生しています[4]．

また，このような都市活動の撤退が生じているのは郊外だけではありません．都心部でも，商業・業務施設の撤退が多く見られます．たとえば，県庁所在地である松江市の都心を例に挙げると，**図 2.8** のように，都心でありながらすでにこれだけの未利用地，および駐車場が分布しています．これらの場所の多くは，以前は商業・業務施設が立地していた場所です．大都市においても，このようなリバース・スプロールは発生しており，**図 2.9** のように都市景観上の問題にもなっています．

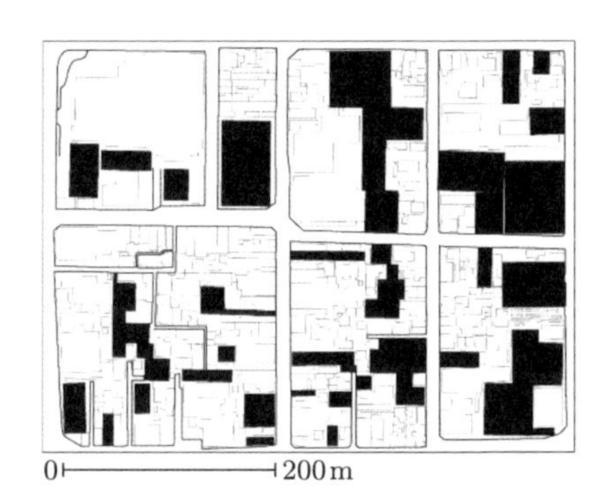

図 2.8　松江市都心部における駐車場および未利用地（黒トーン部分）

図 2.9　都心の未利用地の景観（東京都）

このような形での都市活動の撤退は，様々な新たな問題を引き起こします．地域の活動にたとえ多くの撤退が見られても，その場所に対する都市的サービスは，誰かが住んだり活動をしている限り供給を続けなければなりません．このため，上下水道，公共交通，消防救急といった様々な都市サービスの提供効率は，いずれも悪くなってしまいます．**住宅や業務などの撤退数が一定以上に達すると，地域における商店などの民間サービスも維持できなくなる**ところが出てきます．これはまるで「骨粗しょう症」を起こした人の骨が，一定以上の症状まで進むとポッキリと骨折してしまうかのようです．都市の中の空隙が各所に増えていき，その程度が一定以上になると，その都市そのものの存立が危うくなるのです．

なお，リバース・スプロールが発生しているような郊外住宅地では，その場所の多くは，都市化する以前は農地や林地でした．都市化の過程で農地や林地などの「自然的土地利用」から住宅などの「都市的土地利用」へと転換が生じたわけだから，「都市的土地利用」が撤退した後は「自然的土地利用」に戻せばよいではないか，という考え方はありえます．しかし，実際にリバース・スプロールの実態調査を行うと，都市的土地利用が自然的土地利用に戻ることは基本的に存在しないということが明らかになっています[5]．なお，特殊な事例ですが，海外では都市的土地利用である道路を，自然的土地利用である畑地に政策的に戻したケースなども存在します[6]．それぞれの場所をその特性に応じて柔軟に活用できるよう，今後の対策が必要となります．

2.5 社会資本の維持管理

また，ようやく最近になって着目されはじめた重要な課題として，高度経済成長期を中心に整備されてきたわが国の様々な社会資本（道路，港湾，空港，公共賃貸住宅，下水道，都市公園，治水，海岸など）の維持管理に，いままで以上に注意を払わなければならなくなるということが挙げられます．これは都市のみならず，国土全体の課題でもあります．たとえば，建設後 50 年以上経過した社会資本の割合を 2020 年度とその 20 年後で比較すると，道路橋は約 30%が約 75%に，下水道管きょは約 5 %が約 35%に，港湾施設は約 21%が約 66%に急増することが指摘されています[7]．

一方，このような**老朽化する社会資本を維持管理するための財源は，現在のところ十分に準備されているとはいえません**．国土交通省所管の社会資本を対象に，過去の投資実績などを基に今後の維持管理・更新費（災害復旧費を含む．以下同じ）を 2018 年に推計した例があります．それによると，2048 年度末までの 30 年間で，損傷してから対処する「事後保全型」で対応すれば約 285 兆円，早めの補修で長寿命化を行う「予防保全型」では約 195 兆円もの費用が必要とされています[8]．維持管理や更新費の不足によって，適切な維持管理が行われないことになれば，**人々の生活に影響を及ぼすおそれや，老朽化により事故や災害などを引き起こす可能性**が高まります．たとえば，2012 年には中央自動車道の笹子トンネルで天井板落下事故が発生し，9 名の尊い命が失われました．また，2021 年 10 月には和歌山市の紀の川にかかる水道橋が突如崩落し，市の 4 割の世帯で断水が発生しました．社会資本の老朽化を放置すると，今後このような事故が各地で頻発するおそれがあります．

このような社会資本の老朽化に関する深刻な問題は，じつは市民に十分に理解されていないというのが現実です．国民意識調査の結果によると，この問題について約7割の回答者が十分な認識をしていないことが明らかになっています．また，その更新に対しては，費用負担が増えないようにという前提のもとで，約6割の回答者が「すべての施設の更新」を進めることを希望する旨回答しています[9]．こららの回答を見て，皆さんはどう感じるでしょうか．極端ないい方をすれば，社会資本は誰かが負担して準備してくれて当然で，その実態がどうなっていようと知らない，不十分であれば不満をいえばよい，という姿勢にさえ見えます．まず，**一般市民がこのような意識構造にあるという理解**から，われわれははじめなければならないのです．

参考文献

［1］ 総務省統計局：https://www.stat.go.jp/data/nihon/02.html
［2］ Real Estate Research Corporation: The Cost of Sprawl, CEQ. HUD. EPA, 1974.
［3］ 黒川洸・谷口守・橋本大和・石田東生：スプロール市街地の整備コストに関する一考察，—先行的都市基盤整備のコスト節減効果に関する検討—，都市計画論文集，No. 30，pp. 121-126，1995.
［4］ 谷口守：リバース・スプロールを考える，—人口減少期を迎えたスプロール市街地が抱える課題—，都市住宅学会誌，No. 61，pp. 28-33，2008.
［5］ 清岡拓未・谷口守・松中亮治：減少社会における持続可能性からみた空間利用評価，—都市活動撤退が自然的土地利用回復に及ぼす影響—，土木計画学研究・講演集，No. 32，2005.
［6］ 山脇正俊：近自然工学，信山社サイテック，2000.
［7］ 国土交通省：社会資本の老朽化対策情報ポータルサイト，インフラメンテナンス情報，https://www.mlit.go.jp/sogoseisaku/maintenance/02research/02_01.html
［8］ 国土交通省：国土交通省所管分野における社会資本の将来の維持管理・更新費の推計，https://www.mlit.go.jp/sogoseisaku/maintenance/_pdf/research01_02_pdf02.pdf
［9］ 国土交通省編：平成23年度国土交通白書，第I部，第2章第1節6，社会資本の的確な維持・管理，https://www.mlit.go.jp/hakusyo/mlit/h23/hakusho/h24/index.html
［10］ 宇都正哲・植村哲士・北詰恵一・浅見泰司編：人口減少下のインフラ整備，東京大学出版会，2013.
［11］ 矢島隆・家田仁編著：鉄道が創りあげた世界都市・東京，一般財団法人計量計画研究所，2014.
［12］ 野澤千絵：老いる家 崩れる街，—住宅過剰社会の末路—，講談社現代新書，2016.

都市の進化とプランニング

本章では，古代より様々な都市が計画され，またそれぞれに進化の途をたどってきた流れを概観します．その中で，長く愛される都市はしっかりとした計画に基づいて整備がなされており，歴史を通じて人類は，つねによりよい居住環境の創造を求め，近代化に伴ってプランニング思想も高度化してきたことを解説します．また，今日では経済のグローバル化のもとで，巨大都市や全世界へ影響をもつ世界都市も出現し，都市間の競争も一層激しくなっていることを示します．

3.1 プランニングのはじまり

「計画しない」ことによってもたらされる問題のごく一例を先の章では見てきました．発生が予想される問題を予見して，それを避けるよう考えるのは当然必要なことです．また，同じように都市生活を送るとしても，居住環境を改善して，生活水準をよりよいものにしようとするのも大切です．そのような**ごく当たり前のことのために，われわれは計画行為（プランニング）を行います**．人類は有史以来，様々な都市プランニングを積み重ねてきました．ちなみに，シュンペングラーは，「世界史とは都市の歴史である」という言葉を残しています．古くは紀元前 3000 年から 2000 年頃の四大河川文明（メソポタミア，エジプト，インダス，黄河）より，何千年も昔から，われわれの祖先は計画のうえで都市を構築しています[1]．その中では，広場や下水道から競技場に至るまで，都市における様々な施設が計画され，実際に整備されてきました．たとえば，紀元前 1 世紀から 3 世紀にかけて現在のシリアの地で栄えた都市パルミラには，イスラム国によってその多くが破壊されてしまいましたが，**図 3.1** に示すような整然と計画された市街地の遺構が残っていました．この写真はパルミラの入口の門に相当し，中央の馬車道の大きな入口と，左右に歩道用の入口が観察できます．中では 1200 m にわたって歩車分離がなされた幹線道路が整備されていました．わが国においても，縄文時代や弥生時代といった大昔の段階から，一定の空間内にどのように家屋や倉庫を配するべきか，考えながら空間構成がなされていったことが，その史跡を観察すると理解できます（**図 3.2**）．

プランニングは，特定の「意図」や「目的」を含んでいます．たとえば，まちな

図 3.1　古代都市パルミラ（現シリア）の計画的な列柱道路［撮影：松原康介］

図 3.2　復元された集落の家屋配置（登呂遺跡，弥生時代）

かで整備が計画されている道路は「渋滞解消のため」であったり，「安全を確保するための幅員を確保するため」であったりします．プランニングが実現するには長い年月を要する場合も多く，その迅速な実現のためには関係者の協力が必要となります．また，当初の「意図」や「目的」が的確であっても，時間がたつにつれてそれが時代遅れになっていないか，状況に応じた見直しも必要です．

なお，プランニングの「意図」や「目的」には様々なものがあります．わかりやすい例として，1300 年以上前に計画された平城京（現在の奈良市）を取り上げます．図 3.3 に示すように，平城京にはその中心に幅 70 m の朱雀大路が計画され，実際に整備されました．その時代から考えて明らかなように，これは自動車の交通渋滞解消のためのものではありません．では，何のためにこれだけの道路幅員が必要だったのでしょうか．これは，地方や外国から都を訪れた人が，いままさに都に到着

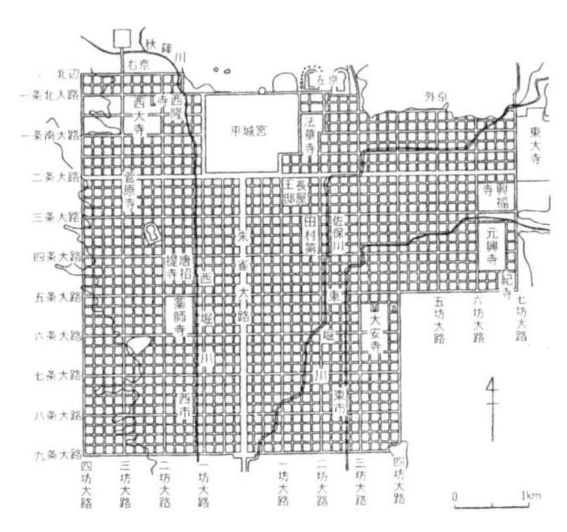

図 3.3　平城京の空間構成
［（出典）都市史図表編集委員会編：都市史図表，p. 2，彰国社，1999.］

図 3.4　かつての平安京，現在の京都

したということを実感できる空間をつくろうと意図したものと思われます[2]．日本の国として，都としての一つの象徴をつくるということが，その「意図」であり「目的」であったといえます．

ちなみに，「好きな都市」，「行ってみたい都市」を授業で学生に尋ねると，その答えとしてこの奈良や**図 3.4** に示す京都は必ず上位に顔を出します．その理由は「古都だから」ということですが，正しく答えるなら，じつは京都も奈良も「きちんと計画された都市だから」なのです．両都市は 1000 年以上も前にきちんと計画された昔のニュータウンです．当時はほかにまちがなかったわけではありません．ただ，当時の力を結集してプランニングされた両都市は，後世からも評価されるだけの都市になったということです．振り返って，われわれが現在暮らしている都市は，1000 年後の子孫たちにも愛されるような都市空間づくりを果たして考えて行っているでしょうか．われわれは先人の努力を単に消費しているだけではないのか，胸に手を当てて考える必要があるように思います．**力を結集してプランニングするということは，空間づくりの考え方の基本**といえます．ちなみに，原広司は「あらゆる部分を計画せよ．あらゆる部分をデザインせよ．偶然にできていそうなスタイル，なにげない風情，自然発生的な見かけも，計算されつくされたデザインの結果である」と示唆しています[3]．

3.2 都市の展開

平城京や平安京は，かつての日本の首都であったわけですが，首都以外にも様々な都市が生まれてきました．「**都市とは，すべて何らかの首都機能からなる**」，という言葉もあるように，その場所その場所のニーズに応じて，多様な都市が形成されるのです．さしずめ，首都は行政都市，政治都市といい換えることができますが，それ以外にも，その機能に着目すると，商業都市，工業都市，観光都市，港湾都市，軍事都市，学園都市といった性格の異なる都市が世界各地で発展してきました．平和でなかった時代においては，都市は人の命を守る拠りどころであり，**図 3.5** に示すような城郭都市から今日の繁栄を築いた都市も少なくありません．現在は軍事的機能を喪失しても，かつて人が集まったことで，都市としての機能は受け継がれていくのです（**図 3.6**）．

また，都市はその**相互の交流や連携を通じて発展**を重ねてきました．**図 3.7** は中世の商業連合であったハンザ同盟の所属都市である，エストニアのタリンの現在に

図 3.5　城郭都市から発展したイエテボリ
（スウェーデン）

図 3.6　現在は商業都市としても賑わうイエテボリ

残る当時の商館です．このような交流が盛んになるにつれて，交通機能はとくに重要な役割を果たすこととなります．なかでも交通の要衝といわれる場所や，荷物の積み替えなどが必要となる交通結節点が，地域の中心都市となったところは少なくありません．

また，都市と都市を結ぶルート上にも集落や都市が形成されていきました．たとえば，**図 3.8** は現在の岐阜県中津川市にある馬籠の集落です．徒歩や馬に乗って中山道を通る旅行者のため，街道沿いで様々な機能が提供された宿場町として発展しました．なお，現在は，そのような都市間交通機能を担うのは，鉄道の中央本線や，高速道路である中央自動車道路へと変化してしまいました．このため，現在の馬籠はその宿場町としての機能はすでになくなっています．しかし，宿場町であったときの個性を活かし，現在は人気のある観光地として再生が進んでいます．先ほどのイエテボリの例もそうですが，都市は一見固定して変化がないもののように見えても，時代や状況の変化によって，その機能を柔軟に変えていくものは少なくありません．

図 3.7　ハンザ同盟都市タリン（エストニア）

図 3.8　馬籠（中山道の旧宿場町）の景観

人間の活動は，時代の経過を通じ，地球上の様々な場所に拡張していきます．そこでは**それぞれの土地の風土や気候を活かし，また克服しながら都市づくり**が進められました．この結果，熱帯や沙漠から，極地や高地に至るまで人間の生活スペースは広がり，それぞれの場所で一定の機能をもつ都市が形成されました．ごく一例ですが，**図 3.9** に柔らかい岩石をくり抜くことで快適な地下都市が形成されたトルコのカッパドキアの景観を，**図 3.10** に北極圏での最大都市であるノルウェー，ハンメルフェストの景観を示します．

3.3　近代化と都市計画

1700 年代に英国で産業革命が進展すると，都市計画に期待される役割が，それまでよりも一層大きなものとなりました．工業の発展に伴い，大量の労働者とその家

図 3.9　地域風土にあった暮らし方（カッパドキア）

図 3.10　北極圏における最大都市ハンメルフェスト

図 3.11　1900 年のロンドンにおける居住環境
［ドレ画］

族が都市に流入し，集中して住むようになったのです．都市における過密問題の発生です．また，環境対策が十分に施されていない当時の工場は，ばい煙や汚水など，周囲に様々な環境問題を発生させました．労働条件や都市サービスが不十分であったことも重なり，疾病や貧困など，都市での暮らしは多くの問題を抱えていました．たとえば，**図 3.11** のように，英国の首都ロンドンでは衛生条件の悪い密集した長屋に，すし詰めの状況で多くの人が住み，居住環境として決して恵まれたものではありませんでした[4]．その結果として，**近代化とともに，都市をきちんと事前に計画することのニーズがさらに高まってきた**といえます．都市計画にとって，まさに必要は発明の母といわれる状況が，当時の英国で生じていました．

このような状況の中で，人間らしい暮らしを取り戻すための実験的な取り組みも見られるようになりました．その一例として，1798 年，英国人実業家のロバート・オーエンは，スコットランドの地で新都市「ニューラナーク」の建設に着手します．

図 3.12　往時のニューラナーク[5]
［（出典）New Lanark Trust: The Story of New Lanark］

図 3.13　現在のニューラナーク

彼は「利害追求ではなく，協調の大切さ」を計画の理念とし，**図 3.12** に示すような生産と生活が一体化した共同体を設立しました．そこではまず，水力を活用した紡績工場を立ち上げることによって居住者の生活の糧を確保しました．同時に，世界ではじめて福利厚生施設，幼稚園，協同組合，サマータイム導入などを実施し，豊かな環境の中で人間らしく社会的な交わりの中で暮らしていくための仕組みを実現していきました[5]．この実験的な生活共同体は 20 世紀半ばまでその活動を継続し，現在では**図 3.13** のように，博物館として公開されています．

3.4 田園都市とニュータウン

ロンドンは，その後も都市として成長を続け，周囲の緑地を侵食しながら拡大していきます．スプロールを防止し，都市圏周辺の緑地をも守るためには，さらに新たなアイデアが必要とされていました．そのような状況の中で，19 世紀末にエベネザー・ハワードは，田園都市という概念を著書の中で提案します．そこでは，**図 3.14** に示すようなスリーマグネットという発想がベースになっています．具体的には，**都市（Town）と農村（Country）には，そこで居住するうえでそれぞれに長所と短所があることを指摘し，それら両方の長所のみをうまく取り入れた田園都市（Town-Country）という暮らし方を提示しています．**ハワードは，併せてこの概念をモデル化し，職住近接した自立性の高い人口 3 万人程度の田園都市が，中心都市や近隣の田園都市間で相互に交通体系で結ばれるダイアグラムを提示しています．この提案は，レッチワースなどの実際の田園都市の建設・整備につながりました．

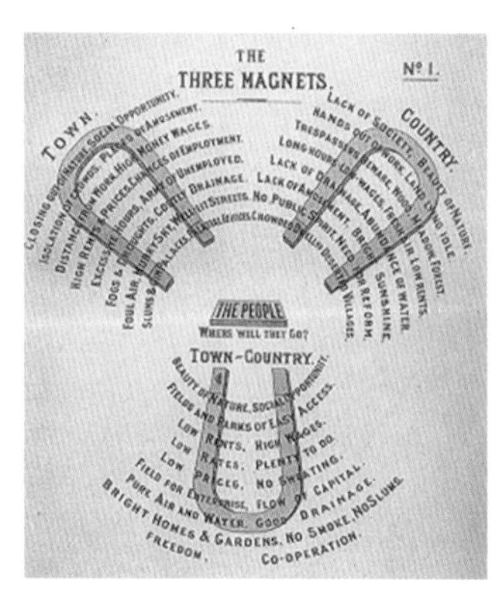

図 3.14　スリーマグネットの概念[6]

また，彼の行動がきっかけとなって，都市計画のあり方について意見交換を行う国際研究交流組織 IFHP（International Federation for Housing and Planning：国際住宅・都市計画連合）が 1913 年には設立され，現在に至るまで 100 年以上にわたって，良好な都市空間づくりのための活発な活動が続けられています[7]．

ちなみに IFHP は，1924 年にアムステルダムで大都市圏計画に関する 7 原則を宣言しています．具体的には，①大都市の膨張制限，②衛星都市による人口分散，③市街地周辺へのグリーンベルトの導入，④自動車交通問題への対処，⑤地方計画の必要性，⑥弾力性をもった地方計画，⑦土地利用規制の確立です．これらは近代都市計画の原則といえ，以降その思想は各国の都市圏計画に大きな影響を与えています．

英国はこの思想を取り入れ，アーバークロンビーが，1944 年に大ロンドン計画を提唱します．ロンドン都心の開発圧力を和らげ，あふれ出る人口や産業を郊外のニュータウンに吸収しようとしました．具体的には，**図 3.15** に示すような四つのリングで都市圏を捉え，**緑地環境を保持するグリーンベルトを堅持し，その外周に職住近接を念頭に 8 箇所のニュータウンを整備**しています．ニュータウンはこれ以降もその性格を変えながら検討が続けられ，ほかの国の大都市圏整備の考え方にも大きな影響を及ぼしました．ちなみに，わが国における千里や多摩の住宅団地もニュータウンとよんでいますが，当初英国に導入されたものと比較すると人口規模も大きく，また職住近接を念頭に置かないベッドタウンに該当します．ベッドタウン型のニュータウンも多くの国において導入されています（**図 3.16**）．なお，その整備から 100 年以上が経過したレッチワースの現在の状況を，参考までに**図 3.17** に示

図 3.15　ロンドン大都市圏における初期のニュータウン

図 3.16　韓国，ソウルのベッドタウン盆塘（Bundang）

図 3.17　現在のレッチワースのまちなみ

します．ゆとりをもって計画された都市空間が，現在でも良好な生活環境を提供している様子が見てとれます．

3.5　自動車時代の計画

20 世紀に入ると，自動車の普及が進むに従って，自動車時代において都市はどのようにあるべきかが考えられはじめます．フランスの建築家，ル・コルビジュエは，工業化を含む社会変化を前提に，**都市を社会生活のための機械として機能化**していくことを提案しています．具体的には，**図 3.18** に示す「300 万人のための現代都市」において，高密で高層の集合住宅の集積と，都市軸としての高架自動車道路の導入，緑あふれる広大なオープンスペースのデザインを 1922 年に行いました．都心部には，24 棟の 60 階建てオフィスビルと，オープンスペースに囲まれた 8 階建

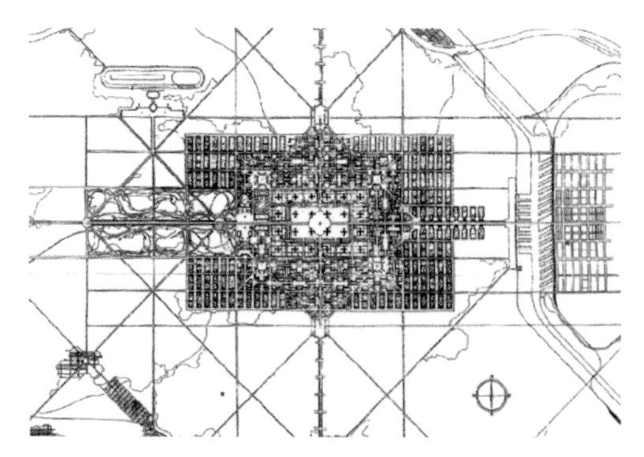

図 3.18　ル・コルビジュエによる 300 万人のための現代都市

ての集合住宅が配置されています[8].

自動車の普及に伴って，このような都市の全体像に対する新たな設計思想が現れるとともに，個別の地区についても**自動車と歩行者の間で生じる軋轢をどのように解消すべきか**が大きな課題となってきます．この問題を解決するため，地区における自動車の動線と歩行者の動線を完全に分けるという試みが，1928 年に米国ニュージャージー州のラドバーンで実施されました．自動車と歩行者の動線は立体交差を通じて分離され，袋小路（クル・ド・サック：cul-de-sac）などの導入も含め，通過交通が住宅地内に侵入しないような道路構成が提案されました．このような歩車を完全分離する考え方は，その後の各国のニュータウン整備でも採用され，わが国でも**図 3.19** に示すつくば研究学園都市（茨城県）などがその具体例として挙げられます．ただ，このような方策を採用できるのは，新規開発の場所で，かつ空間に比較的余裕がある場合に限られるため，どこででも可能な方法というわけではありません．

暮らしの一つのユニットとして，住区というスケールで発想するということも，この頃に行われるようになりました．1929 年，ペリーはニューヨーク市大都市圏調査報告の中で，近隣住区（neighborhood unit）の概念を**図 3.20** のように提示しました．この中で彼は，日常的な暮らしの範囲となる近隣住区を小学校区と重ね，幹線道路によって囲まれた人口 5000～ 1 万人の地区と想定しました．自動車に対す

図 3.19　ラドバーンの発想に基づくつくば研究学園都市の歩行者専用道路

図 3.20　近隣住区の例[9]

る安全性を確保するため，地区内を通過しようとする通過交通に対しては，きわめて不便な道路構成が採用されています．また，住区内には小学校のほか，日常生活に必要な店舗や公園なども配置され，幹線道路を越えて他地区に出かけなくても生活が可能となるような施設配置が工夫されています．

自動車が普及してから現在に至るまで，まだ100年を少し超えた程度であり，人類の歴史から見れば，自動車利用の歴史はまだきわめて浅いといえます．一方で，以上で整理したように，**その普及は個人の移動形態を抜本的に変革したため，都市計画側では様々な対応が必要**となっています．なお，計画の有無にかかわらず，われわれの生活の中に自動車はすでに深く入り込んできており，結果的にどのような住まい方をしても自動車の影響排除は容易ではありません．自動車依存の著しい米国では，一般の住宅市街地が**図3.21**のような形態をとっているところが少なくありません．どの一戸建て住宅も自動車利用を前提としているため，各住宅の前面には路上駐車ができるだけの道路スペースが確保されています（ちなみに，この写真から，どの住宅地も道路とは逆側（背中側）に裏庭（backyard）をもっていることもわかります）．また，どの道路も一見して通過交通が通るうえで障害があるようには見えません．本節では，自動車普及に伴う様々な新たな計画コンセプトを整理しましたが，この写真からも明らかなとおり，実際の都市では自動車と住む場所を少し隔てるということは，なかなか容易ではないこともわかります．

図3.21　自動車アクセスと裏庭を確保した住宅地（テキサス州ベイシティ）
[（出典）123RF]

3.6 競争する世界都市

以上のようなプランニングに対する考え方や技術は，日常生活圏である都市圏における理想的な空間づくりを実現するうえで大きな意味をもっていました．一方で，近年ではそれに加え，都市圏を越えて**周囲に大きな影響力をもつ大都市をどのように成長，コントロールさせていくか**というスケールの異なる課題も，都市プランニングの中で新たな意味をもつようになっています．都市の成長という観点からは，先進諸国の大都市の成長はある程度落ち着いた状況となっているのに対し，多くの途上国における大都市では，**表 3.1** に示すように急激にその巨大化が進展しています．この人口上位 25 都市圏の表を見ると，およそ 60 年以上前の 1960 年では，東京都市圏のほか，ニューヨーク大都市圏が上位にありました．一方で，2035 年の予測では，インドや中国，他途上国における大都市圏の人口が急増することが読み取れます．このような急激な都市成長は，環境面，社会面でのひずみを生み，都市問題をさらに悪化させる可能性が高く，都市計画の面から予防的な対策が不可欠です．

一方，大都市のもつ影響力は，必ずしもその人口だけに比例するわけではありません．近年の経済グローバル化に伴い，世界の中でもとくに影響力が広域に及ぶ都市は「世界都市」と総称されることも多くなっています．換言すれば，各都市および都市圏の競争力が問われる時代になっており，**そのような競争力を戦略的，計画的にどう培うか**が重要な課題となっています[10, 11, 12]．世界都市の実力を評価するランキング指標も様々なものが考案されてきましたが，近年では都市の成長力や経済力よりも住みやすさに重点を置いたランキング指標も提案されています．たとえば，英国の経済紙エコノミストの調査部門は「もっとも住みやすい都市」のランキングを発表しています[13]．具体的には，安定性，医療，教育，文化・環境，インフラの 5 項目を，世界 172 の都市を対象に数値化しています．COVID-19 感染拡大中の 2022 年のランキングの結果はウィーンが 1 位となっており，上位都市は COVID-19 ワクチンの接種率が高く，規制緩和によってパンデミック前の生活に戻っている都市が中心となっています．このランキングには，日本の都市では大阪が 10 位に入っています．

なお，世界の中には新興の都市として目を見張るような成長をしているケースもあります．たとえば IT 知識産業の中枢地として成長している中国の深圳（図 **3.22**），国際的なビジネスセンターを目指しているシンガポール（図 **3.23**）やア

表 3.1　国連統計局による都市圏人口予測（2025 年上位 25 都市圏）[単位：万人]
[国連統計局：世界都市化予測（https://population.un.org/wup/Download/）より作成]

順位	都市的集積地域	国・地域	1960 年	2010 年	2025 年	2035 年
1	東京	日本	1667.9	3686.0	3703.6	3601.4
2	デリー	インド	228.3	2198.8	3466.6	4334.5
3	上海	中国	686.5	2031.4	3048.2	3434.1
4	ダッカ	バングラデシュ	50.8	1473.1	2465.3	3123.4
5	カイロ	エジプト	368.0	1689.9	2307.4	2850.4
6	サンパウロ	ブラジル	397.0	1966.0	2299.0	2449.0
7	メキシコシティ	メキシコ	547.9	2013.7	2275.2	2541.5
8	北京	中国	390.0	1644.1	2259.6	2536.6
9	ムンバイ	インド	441.5	1825.7	2208.9	2734.3
10	ニューヨーク	アメリカ合衆国	1416.4	1836.5	1915.4	2081.7
11	大阪	日本	1061.5	1931.3	1892.2	1834.6
12	重慶	中国	227.5	1124.4	1817.1	2053.1
13	カラチ	パキスタン	185.3	1261.2	1807.7	2312.8
14	キンシャサ	コンゴ民主共和国	44.3	938.2	1777.8	2668.2
15	ラゴス	ナイジェリア	76.2	1044.1	1715.6	2441.9
16	イスタンブール	トルコ	145.3	1258.5	1623.7	1798.6
17	カルカッタ	インド	591.0	1400.3	1584.5	1956.4
18	ブエノスアイレス	アルゼンチン	676.2	1424.6	1575.2	1712.8
19	マニラ	フィリピン	227.4	1188.7	1523.1	1864.9
20	広州	中国	127.2	1027.8	1487.9	1674.1
21	ラホール	パキスタン	126.4	843.2	1482.6	1911.7
22	天津	中国	293.5	1015.0	1470.4	1644.6
23	ベンガルール	インド	116.6	829.6	1439.5	1806.6
24	リオデジャネイロ	ブラジル	449.3	1237.4	1392.3	1481.0
25	深圳	中国	0.8	1022.3	1354.5	1518.5

図 3.22　深圳の景観

図 3.23　シンガポールの景観

図 3.24　ドバイの景観

ラブ首長国連邦のドバイ（**図 3.24**）など，いずれも積極的な都市投資を通じてその都市圏のみならず，それぞれの国をも牽引する役割を期待されています．グローバル化や IT 技術の発達などをも考慮しながら，一国だけの視野では収まらない新たなプランニングも求められる時代になったといえましょう．

参考文献

[1] 日端康雄：都市計画の世界史，講談社現代新書，2008.
[2] 谷口守：まちと交通，天野光三・中川大編：都市の交通を考える，技報堂出版，1992.
[3] 原広司：集落の教え 100，彰国社，p. 8，1998.
[4] Hall, P.: Cities of Tomorrow, Basil Blackwell, p. 15, 1988.
[5] New Lanark Conservation Trust: The Story of New Lanark
[6] Howard, E.: To-morrow: A Peaceful Path to Real Reform, 1898.
[7] IFHP（国際住宅・都市計画連合）：https://www.ifhp.org/

［8］ 小嶋勝衛監修：都市の計画と設計（第2版），共立出版，2008.
［9］ Perry, A. C.: The Neighborhood Unit in Regional Suevey of New York and Its Environs, Committee on Regional Plan of New York and Its Environs, 1929.
［10］ Ed. By Brotchie J., Batty M., Blakely E., Hall, P. and Newton, P.: Cities in Competition, Productive and Sustainable Cities for the 21st Century, Longman Australia, 1995.
［11］ 中村良平：いま都市が選ばれる―競争と連携の時代へ―，山陽新聞社，1995.
［12］ Newman, P., and Thornley, A.: Planning World Cities, Globalization and Urban Politics, 2nd Edition, Palgrave Macmillan, 2011.
［13］ Economist Intelligence: The Global Liveability Index 2022 Report, https://www.eiu.com/n/campaigns/global-liveability-index-2022/
［14］ 石田頼房：日本近代都市計画の展開，自治体研究者，2004.

計画概念とプランナー

本章では，計画をよりよく理解し，活かしていくための基本知識を整理します．まず，計画の概念の全体像を例示するとともに，社会で誤解されやすい点や課題について解説を加えます．次に，そのような計画を専門家として扱うプランナーの役割についても言及します．また，計画の話をする際に必ず出てくる，その対象である地域というものの考え方と，その段階的な構成について整理します．最後に，その段階の上位にあり，都市計画が参照することになる国土計画や広域計画について，その具体的内容を提示します．

4.1 様々な計画概念

ここまで，「計画」や「プラン」という用語は，ごく一般的な用語として使用する場合も多く，専門用語としてもそれほど難解と思われないだろうと考えたため，その内容の明確な定義や解説をしないで使用してきました．ただ，実際には「計画」という言葉の中には様々な概念が含まれています．このため，この段階で「計画」という用語がもつ概念を少し整理しておきましょう．

まず，その整理の仕方ですが，われわれは**様々な局面で「計画」という用語を使い分けて使用**しています．その内容は「プラン」と英訳するより，ほかの英単語で表現する方が的確な場合がじつは少なくありません．たとえば，すでに計画内容が決まっている具体的な都市計画事業は，「プラン」というより「プロジェクト」と表現する方がよいかもしれません．また，実施する手順がしっかり決まった計画なら，「プログラム」と表現する方が適切な場合もあります．また，その手順が具体的な日程と対応している計画は，「スケジュール」とよんだ方がしっくりくると思われます．さらに，その計画が個々の技術や方策を表現する場合は，少し専門的な用語ですが「スキーム」といった英単語に相当する場合もあります．

一方，計画の中には，ここまで書いたように，必ずしもその内容や手順がしっかり決まったものばかりではありません．あんなことをやってみたい，こうなったらよいといった抱負も，実現できないかもしれませんが，広い意味で計画の範疇として捉える方がわかりやすい場合もあります．これはさしずめ，「ドリーム」というところでしょうか．また，ドリームと同様に具体性には欠けますが，状況によっては，きわめて自由度の高い発想＝「イマジネーション」が計画に投影されることもあります．

このように考えていくと，**日本語の「計画」という用語は，スケジュールからドリームに至るまで，じつに多様な概念を内在**していることがわかります．議論の対象としている「計画」を吟味するうえで，まずそれらが長期的な観点に立脚するものか，それとも短期的な観点に立脚するものかで大きく性格が異なります．また，その内容や扱いがすでに固定されて自由度はあまりないのか，それとも一定以上の自由度が確保されているかどうかも整理のうえでのポイントになります．以上の観点から，様々な計画概念の一部を，2軸上に整理した私案を**図 4.1** に示します．それぞれに議論の対象とされる具体的な計画は，この2軸上でどのあたりの話なのかが理解できると，焦点がはっきりした議論が可能になります．

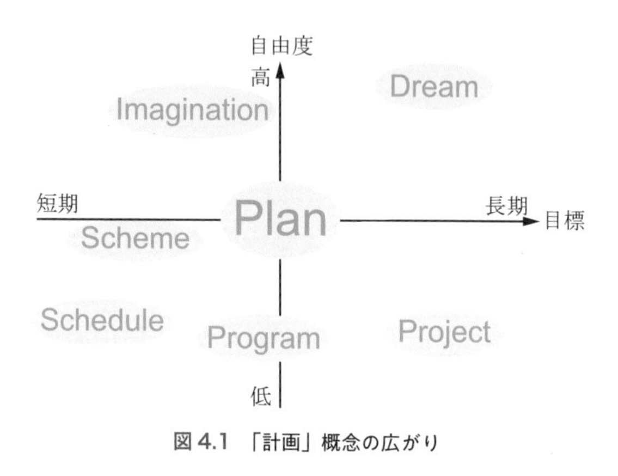

図 4.1　「計画」概念の広がり

4.2　計画をめぐる誤解と課題

計画することとは何かを一言で述べると，未来をよりよくするために考えることです．そして，曖昧模糊とした物事に対し，その優先順位をつける行為でもあります．当然ながら，よい計画はよい将来につながりますし，計画自体がよくなかったり，また計画がよくてもそれが実行されなければ，何の役にも立ちません．これは都市計画に限らず，たとえば個人の人生設計も同じ要素を多分に含んでいます．そこでは，その場その場の状況に応じて，臨機応変に対応していくということも必要になります．なお，都市と生き物は似ていますので，以下では話をわかりやすくするため，子育てになぞらえて計画の意義を考えてみましょう．

まず，子供（都市）を健全に育み，その能力を最大限に発揮できるようにするには，ルールというべき「規範」が必要であり，それと同時に状況に応じた「柔軟性」も必要です．たとえば，子供がゲーム好きならば，24 時間ゲームをやっていてもよいという何の規範もない「放任」行為を考えます．それは，親としては育児の手間が省けてよいのかもしれませんが，子供の健全な成長のうえでは推奨できることではありません．一方，だからといって，子供の一挙手一投足にまで決まりを押しつける「過干渉」も，望ましいとはいえません．「放任」でもなく「過干渉」でもない中庸の状況で，どのように行動するのかがよいかを「考える」ということが，子育てを行っていくうえで重要なのは常識的に理解できると思います．

ただ，このような常識的な判断がなかなか通用しないのが，現在の都市計画をめぐる社会の状況です．たとえば，高層ビルを建てると多くの床面積が都市に供給されるため，その地区から発生する交通量も飛躍的に増えます．その交通量をさばくために供給できる道路や交通施設には限界があります．このため，床を売ってもうけることができるからといって，いくらでも高層ビルを建ててよいというわけではありません．換言すると，高層ビルを建てることに制限を設けないということは，都市づくりにおいては「放任」に等しく，これは子供が 24 時間ゲームをやってよいということにある意味相当します．このような問題に対しては，適切なルールを設け，一定の範囲内で問題が発生しないように都市づくりを行うということが必要になります．高層ビルが林立しないまでも，**わが国の多くの都市では敷地利用の自由度が実質的に高く，「放任」状況にあるため**，**図 4.2** に示すような敷地ごとにばらばらで不統一なまちなみが各所で見られます．

このような放任を避け，一定のルールを設けることは，社会一般には「規制」と

図 4.2　日本のどこの都市にも見られる不統一なまちなみ

いう概念で理解されます．すなわち，都市計画はその中に規制的手法を含む必要があるということになります．一方で，社会の中や政治の場では，様々な規制が産業発展を阻害するといった議論が近年好まれており，「規制緩和」という金科玉条のもと，様々な社会のルールを撤廃しようという流れがあります．都市計画のもつ規制的要素も，このような社会の影響を強く受けています．足かせになっているだけの意味のない規制はもちろん撤廃する方がいいでしょう．しかし，問題なのは，「ばらばらで計画を行わないこと」を望ましい規制緩和だと勘違いする場合が少なからず発生していることです．計画とはすなわち，どうしたらよいかを順序立てて考えることですので，**計画を行わないというのは単に思考停止しているということ**です．それが正しいと誤解されるのは，社会においてきわめて危険なのです．

たとえば，都市計画の中には交通網をどう設計するかという交通計画も一要素として含まれますが，この件に関連し，次のような問題が発生しています．多くの地方都市では，現在ほとんどの人が自動車に依存した生活を送っているため，路線バスなどの公共交通利用者は必ずしも多くありません．このような状況の中で，多くのバス事業者は，乗客が相対的に多い収益のあがる幹線路線で得られた収入を，収益の見込めないローカル路線に回しながら地域の公共交通網を支えています．わかりやすくいえば，もうかる路線もあれば，もうからない路線もあるということです．しかし，もうからない路線が含まれていたとしても，一定規模の公共交通ネットワークが地域にあれば，公共交通を利用しようと思う人は一定数存在します．たとえば，**図 4.3** は地中海のマルタ島のバスターミナルですが，鉄道や十分な道路網のないこの島では，路線バスのネットワークが幹線支線合わせてすみずみまで発達しています．首都バレッタでは，このバスターミナルを拠点に多くの人がまちを訪れ，

図 4.3　地域の幹線・支線路線バスが集まるバスターミナル（バレッタ）

図 4.4　鉄道もなく，自動車乗り入れも禁止の
バレッタのまちなか

まちなかは自動車が乗り入れ禁止にもかかわらず，**図 4.4** のようにこのバスネットワークに支えられて大変な賑わいを見せています．

そこで，規制緩和によって自由にバス事業者が路線ごとに参入，撤退できるようにすればどのようなことが起こるでしょうか．もうかる幹線路線がある場合には，そこを狙って新たに参入してくるバス事業者がいるでしょう．その結果，もとからいた事業者の利益を部分的に奪うことになり，もとからいた事業者はその収入で維持していたもうからない郊外路線を維持できなくなってしまいます．結果としてもうからない路線からはすべて撤退しなければ，このような競争原理の中では企業体として生き残れないということになります．そして，もうからない路線がなくなってしまうと，地域の多くの住民にとって結果的に公共交通の足が奪われてしまうという事態が発生してしまいます．このように，**社会の全体的な厚生を考慮せず，もうかるところのみの利益をかすめ取る行為**は，上澄みの甘いクリームだけをすくうという意味で，**クリームスキミング**といわれています．規制緩和さえすれば，どんな場合でも生産性が上がり，社会厚生が向上すると考えるのは机上の空論であり，幻想でしかありません．

また，計画には状況に応じた柔軟性も必要であるということを指摘しました．計画づくりを進めていくと，そのとりまとめの段階で「このようにしよう」という何かを合意，決定することになるのが一般的です．つまり，計画には一定の決定事項を伴うのが普通です．決定されたことはもちろん尊重されなければなりませんが，一方で，同時に柔軟性が必要な場合もあります．とくに，社会の変化が激しければ，その合意内容自体が短い間に時代遅れになってしまい，見直さなければならなくなることも発生します．例を挙げると，昔に工場用地として売れるだろうと期待して整備した土地が，売れずにそのまま残ったり（たとえば**図 4.5**），立地していた工場が転出して後に入る工場が見つからないといったことも最近多く発生しています．このような場合は，これからもそこを工場用地として本当にいつまでも確保，継続していかないとならないのでしょうか．この例からも明らかなように，計画は変化の激しい時代の先を読んだものでないとならず，また，その計画は迅速に実行され，関係者によって決定事項は堅持されなければなりません．しかし，その一方で，状況に応じて変更される柔軟性（アジリティ）も備えていなければなりません．一見矛盾しているようですが，**都市や地域をよりよくしていくためには，このような両面性が必要**なのです．

図 4.5　1971 年に工業基地開発が計画された北海道苫小牧東部地域（2007 年の状況）

4.3 プランナーの役割 ― 都市や地域のドクター

以上のように，どのように規制とその緩和の判断を行うか，また約束事として決めた計画にどのように柔軟性をもちこむかなど，計画をめぐる課題はこの例を見ただけでも，じつはそれほど単純な話ではありません．都市や地域のことを決めていく中で，本書でも後述するように，住民一人ひとりや関係主体がかかわることはもちろん重要です．しかし，関係者の利害がかかわるために中立的な判断が求められたり，将来や周辺との関係をどう読むかといった経験が求められる要素が存在するため，**計画づくりには専門家（プランナー）の果たす役割が非常に重要**になります．

都市計画の策定や実行を通じて，都市や地域をよりよいものにしていくことが，このプランナーの役目といえます．プランナーは，地方自治体にも，政府にも，民間会社にも広く必要とされています．その活躍の場は，国際機関，シンクタンクやコンサルタント，都市開発や交通運輸，環境関連の企業へと広がっています．また，プランニングの発想や専門的知識は，直接都市や交通の計画に携わらない企業活動の中でも，有効に活かせるものが少なくありません．

先にも述べたように，じつは**都市と生き物はきわめてよく似ています**．たとえば，生き物も都市も生まれ，成長し，エネルギーを摂取して活動し，廃棄物も出します．病気になれば怪我もします（**図 4.6**）．そして，治癒，再生能力をもつとともに，その組織を入れ替える新陳代謝の機能ももっています．また，機能更新能力が衰えることは老化を意味し，社会環境の変化に応じて進化をすることもあります[1]．

図 4.6　大きな怪我を負った都市（東日本大震災，宮城県女川町）

このような状況を考えると，プランナーはまさに都市のドクターといえましょう．日頃から都市の健康づくりを行うのは住民一人ひとりですが，都市ごとに様々な計画上の問題が発生したとき，信頼できる「まち医者」が各都市に存在することは，じつは重要です．いわば各都市のかかりつけのお医者さんとしての役割が，プランナーに期待されます．都市はそれぞれにその成り立ちも個性も違いますので，息長くその都市を観察しているということが大切になります．

とくに，近年では人口減少社会を迎え，多くの都市は人間でいえば成人病のような問題を抱えています．現代人と同じで，肥満化したことによって生じている問題が少なくありません．多くの場合，疲弊や老化も進んでいるため，とりあえず規制緩和などのカンフル剤を打つという方法を取って，一時的に元気になっても，長期的に見るとかえって体力を消耗させているケースも少なくありません．自動車に依存しているなど，欲望のおもむくままの現代生活が都市の肥満化を促進しているケースが少なくないため，**まずそのような都市の体質改善から取り組んでいくことが**，現代のプランナーに期待されています．

なお，海外に比較し，日本では都市計画の分野に相当する仕事をしている人は，工学や経済学など，様々な専門領域を出身母体としています．それはよいことでもあり，また一方で問題もあります．プランナーは適切な判断として，「つくる」判断もすれば「やめる」判断も必要です．一方で，「つくる」技術だけを学んだ人は，往々にして「つくらない方がよい」局面でも「つくり続ける」主張しかできない場合が少なくありません．そのことが時として過剰なものをつくっているという批判を生みます．また，「もうける」ことを学んだ人は，往々にして「もうける」ことだけを考え，社会的に重要であっても「もうからない」ことに対して批判の目を向けます．**もうけることだけを考えて都市づくりを行えば，それは貧困で浅ましい空間しかできあがりません**．プランナーに求められるのは，一見誰にでもできそうな，しかし実際はきわめて高度なバランス感覚なのです．そしてそれは，都市や地域をよくしていこうという「志（こころざし）」に基づいていることも重要です．現在の都市計画は，市（マーケット）に依存しすぎるきらいがあり，むしろ**「都志計画」としての位置づけが求められる**といえます．

4.4 地域概念

一般的な都市や地域における計画において，**その計画をどのような空間的なスケールで考えるか**ということも重要なポイントです．ローカルなスケールでは，特定の商店街の活性化計画を考えたり，地区の交通安全性を高めるための街路計画に取り組むなどといった例が挙げられます．一方，その逆に広いスケールでは，東北地方や近畿圏などといった地方ブロックでの広域計画などの例もあります．広い地域を対象とする場合，計画の対象範囲は農山村にも及びますから，それを「都市計画」というよび方で限定するのは適切ではないでしょう．ただ，スプロールや郊外化といった都市計画上の重要な問題は，都市部と農村部の境界（アーバンフリンジ）で多く発生します（図 4.7）．また，人口減少の中で高齢独居世帯の孤立化をどう防ぐかということを議論するうえで，過疎化が進む中山間地域と空洞化した都心など，空間的な場所が違っていても問題意識や対処法が共有できることも少なくありません．たとえば，英国では都市計画と農村計画を合体させて，Town & Country Planning という範疇の中で併せて議論がされています．空間的な場所の捉え方以外にも，計画には様々な専門領域が関係します．このため，関係する行政組織なども多岐に渡ります．環境，建設，経済，福祉，財政など，それぞれが「縦割り」で

図 4.7　アーバンフリンジ（都市部と農村部の境界）の典型的景観（米国，カリフォルニア州）

視野や解決策が狭くならないよう，いずれの関係者も配慮を行うことが求められます．

なお，計画を議論するうえで，「都市」，「農村」，「地方」といった比較的その意味内容がわかりやすい用語と比較し，その意味内容が状況によって広くも狭くもなる，「**地域**」(region) という用語があります．この地域という概念をどう説明するかについては，以前より多くの研究者が議論を重ねており，ジラルド[2]や青木伸好[3]によって**「均質空間」と「機能空間」という二つの概念に整理**されています．具体的には，均質空間は何らかの同質性で定義できるものであり，機能空間は中心地の統合的活動に基づいた結びつきから定義できるものといえます．特色としては，前者が範囲の定められた広がりのある面積としての空間（たとえば，同じ方言を使う範囲）であるのに対し，後者は組織される空間であり，あらゆる種類の流れの活動の場（たとえば，特定大型商業施設の商圏など）として理解されます．また後者は，形態よりも機能を重視しているともいえます．効果的な都市計画を策定し，実現していくには，その計画をどの範囲で考えるかが大変重要になります．それぞれの場所に見合った適切な計画を策定していくうえで，上記のような，計画対象とする地域範囲をそれぞれどのように考えるかということは，隠れた重要ポイントといえます．

4.5　計画の段階的構成

都市や地域の計画を考えるにあたり，内容の整合性やその効果を高めていくためには，**段階的（階層的）な発想をもって諸計画を構成**していくのが一般的です．空間スケールの点で考えると，広い範囲での広域計画があり，その広域の構成要素である各個別地域でそれぞれ個々の計画があるという構造です．この場合，各個別地域での計画は，当然広域計画を反映していることが期待されます．この広域計画の代表例として，後述するような国土レベルの計画や，地方ブロックレベルでの計画が挙げられます．

また，その詳細性の面でも，計画は段階的な構成をもつ場合が少なくありません．たとえば，ドイツの都市計画は，上位計画であるＦプランと，下位計画であるＢプランから構成されています[4]．Ｆプランはその都市の方向性を全体像として示すもので，都市空間全体としてどこにどのような機能が配置されるかを提示するものです．都市の全体的な性格を決定づけるという役割がありますが，それに違反すると罰せられるというような個別の規制が伴うわけではありません．一方で，Ｂプランはそれぞれ個別の場所での土地利用など，詳細なレベルでの都市計画を規制します．場所ごとの細かい規定ですので，違反すると罰せられることもあります．下位計画は，当然ながら上位計画の内容に縛られます．だからといって，上位計画はまったく自由に策定できるかというとそうではなく，下位計画がそれぞれどのような内容になっているかということにも配慮し，上位下位の計画両方を合わせて，全体として矛盾がないようにしておくことが期待されます．なお，このような**上位計画と下位計画を相互参照しながらそれぞれの内容を高めていくことを「対流原則」**といいます．このように，上位計画と下位計画の組み合わせで計画の体系を構成しているのは，ドイツ以外にも多くの国があります[5]．

このほかにも，地域を限定しないで計画に段階的な構成をもたせたものもあります．計画をめぐる場では，たとえば国などの上位機関としては各地域の計画に一定の内容を確保させたくとも，地域によってはその課題の現状や背景が大きく異なることがあり，一律なコントロールが事実上難しい場合が少なくありません．たとえば，国全体の方向としては，自動車に依存しない環境に配慮した社会へと転換するために，住民による自動車利用を抑えたくとも，地下鉄まで整備された大都市と，路線バスも十分に提供されていない地方とでは，その前提条件が大きく異なります．すなわち，共通の規制値や数値目標で両者を縛るのは現実的ではありません．

このような場合，国は政策の方向性のみをガイダンスとして文言で提示し，実際にどういう水準で対応を行うかはそれぞれの地域に判断をまかせる，という方法が考えられます．たとえば，英国が1980年代後半より導入を進めたガイダンス制度などは，この代表的事例といえます[6]．この方法であれば，計画の方向性としては全体の足並みがそろい，各地域としては無理がない地域の実情に応じた範囲で計画を実行できるようになります．

4.6 上位計画（国土計画，広域計画）を考える

本節では，各地域の都市計画を考えていくうえで，その典型的な上位計画となる広域計画，および国土計画について触れておきましょう．ここでは，過去の経緯を踏まえる形で，わが国の国土計画をごく簡単に紹介しておきます．

わが国では現在，国土計画として後述する国土形成計画が施行されていますが，第2次世界大戦後そこに至るまでは，**表 4.1** に示す内容で国土計画が順次改訂されてきました．

まず最初に，1962年に閣議決定された**第一次全国総合開発計画（一全総）**が挙げられます．この計画は，1960年に国民所得を倍増するという経済上の目標を達成するうえで，一部の都市が過大化することを防止し，**地域格差の是正が第一の目的**とされました．そのために，雇用先である工業の地方部への分散を促すことが意図されました．この目的を効率的に達成するため，限られたお金を広くばらまくのではなく，特定拠点への集中的な資本投下を通じて，その効果を周囲に広げていくという成長極理論（growth pole theory）がその根拠として採用されています．この結果，工業の地方分散による受け皿（拠点）として，全国15箇所の新産業都市と6箇所の工業整備特別地域の整備が決定されました．

なお，これら指定地の多くは，現在も多くの工場が操業している地域となっていますが，これらすべてが当初の目的を満たすような産業立地が進んだというわけではありません．

1960年代は，高度経済成長のもとで国民所得倍増の目的が早々に達成されたこともあり，第一次全国総合開発計画はその目標年次を待たずに，**第二次の開発計画**へと1969年に改定されることになりました．この第二次の開発計画は，一般的に新全総とよばれています．新全総では，大規模な社会資本整備を通じ，**国土の総合的な開発を推進**することが意図されました．そこでは基本となるコンセプトに，大規模プロジェクト方式が採用され，新幹線や高速道路のネットワーク整備を通じ，地域格差の解消をさらに進めようというものでした．

その後，公害問題が顕在化し，またオイルショックなどを通じて資源の有限性に対する認識も高まり，ようやく生活や環境の視点にも配慮された**第三次全国総合開**

表 4.1 全国総合開発計画の系譜［(出典）国土交通省資料より］

	全国総合開発計画（一全総）	新全国総合開発計画（新全総）	第三次全国総合開発計画（三全総）	第四次全国総合開発計画（四全総）	21 世紀の国土のグランドデザイン	国土形成計画（全国計画）	第二次国土形成計画（全国計画）	第三次国土形成計画（全国計画）
閣議決定	昭和 37 年 10 月 5 日	昭和 44 年 5 月 30 日	昭和 52 年 11 月 4 日	昭和 62 年 6 月 30 日	平成 10 年 3 月 31 日	平成 20 年 7 月 4 日	平成 27 年 8 月 14 日	令和 5 年 7 月 28 日
背景	1 高度成長経済への移行 2 過大都市問題，所得格差の拡大 3 所得倍増計画（太平洋ベルト地帯構想）	1 高度成長経済 2 人口，産業の大都市集中 3 情報化，国際化，技術革新の進展	1 安定成長経済 2 人口，産業の地方分散の兆し 3 国土資源，エネルギー等の有限性の顕在化	1 人口，諸機能の東京一極集中 2 産業構造の急速な変化等により，地方圏での雇用問題の深刻化 3 本格的国際化の進展	1 地球時代（地球環境問題，大競争，アジア諸国との交流） 2 人口減少・高齢化時代 3 高度情報化時代	1 経済社会情勢の大転換（人口減少・高齢化，グローバル化，情報通信技術の発達） 2 国民の価値観の変化・多様化 3 国土をめぐる状況（一極一軸型国土構造等）	1 国土を取り巻く時代の潮流と課題（急激な人口減少・少子化，異次元の高齢化，巨大災害の切迫，インフラの老朽化等） 2 国民の価値観の変化（「田園回帰」の意識の高まり等） 3 国土空間の変化（低・未利用地，空き家の増加等）	「時代の重大な岐路に立つ国土」 1 地域の持続性，安全・安心を脅かすリスクの高まり（未曽有の人口減少，少子高齢化，巨大災害リスク，気候危機） 2 コロナ禍を経た暮らし方・働き方の変化（新たな地方・田園回帰の動き） 3 激動する世界の中での日本の立ち位置の変化
目標年次	昭和 45 年	昭和 60 年	おおむね 10 年間	おおむね平成 12 年（2000 年）	平成 22 年から 27 年（2010-2015 年）	おおむね 10 年間	おおむね 10 年間	おおむね 10 年間
基本目標	地域間の均衡ある発展	豊かな環境の創造	人間居住の総合的環境の整備	多極分散型国土の構築	多軸型国土構造形成の基礎づくり	多様な広域ブロックが自立的に発展する国土を構築，美しく，暮らしやすい国土の形成	対流促進型国土の形成	新時代に地域力をつなぐ国土 〜列島を支える新たな地域マネジメントの構築〜
開発方式等	**拠点開発方式** 目標達成のため工業の分散を図ることが必要であり，東京等の既成大集積と関連させつつ開発拠点を配置し，交通通信施設によりこれを有機的に連絡させ相互に影響させると同時に，周辺地域の特性を生かしながら連鎖反応的に開発をすすめ，地域間の均衡ある発展を実現する．	**大規模開発プロジェクト構想** 新幹線，高速道路等のネットワークを整備し，大規模プロジェクトを推進することにより，国土利用の偏在を是正し，過密過疎，地域格差を解消する．	**定住構想** 大都市への人口と産業の集中を抑制する一方，地方を振興し，過密過疎問題に対処しながら，全国土の利用の均衡を図りつつ人間居住の総合的環境の形成を図る．	**交流ネットワーク構想** 多極分散型国土を構築するため，①地域の特性を生かしつつ，創意と工夫により地域整備を推進，②基幹的交通，情報・通信体系の整備を国自らあるいは国の先導的な指針に基づき全国にわたって推進，③多様な交流の機会を国，地方，民間諸団体の連携により形成．	**参加と連携** ―多様な主体の参加と地域連携による国土づくり― （四つの戦略） 1 多自然居住地域（小都市，農山漁村，中山間地域等）の創造 2 大都市のリノベーション（大都市空間の修復，更新，有効活用） 3 地域連携軸（軸状に連なる地域連携のまとまり）の展開 4 広域国際交流圏（世界的な交流機能を有する圏域の形成）	（五つの戦略的目標） 1 東アジアとの交流・連携 2 持続可能な地域の形成 3 災害に強いしなやかな国土の形成 4 美しい国土の管理と継承 5「新たな公」を基軸とする地域づくり	**重層的かつ強靱な「コンパクト+ネットワーク」** （具体的な方向性） 1 ローカルに輝き，グローバルに羽ばたく国土（個性ある地方の創生等） 2 安全・安心と経済成長を支える国土の管理と国土基盤 3 国土づくりを支える参画と連携（担い手の育成，共助社会づくり）	**シームレスな拠点連結型国土** （国土の刷新に向けた重点テーマ） 1 デジタルとリアルが融合した地域生活圏の形成 2 持続可能な産業への構造転換 3 グリーン国土の創造 4 人口減少下の国土利用・管理 5 国土基盤の高質化 6 地域を支える人材の確保・育成

発計画（三全総）が1977年に策定されます．三全総では，**定住構想というコンセプトが新たに提示**され，各地での居住環境整備という観点から大都市への人口集中問題の解決や地方振興推進を図ろうとされています．以降，1987年の第四次全国総合開発計画（四全総）では多極分散型国土の構築，1998年に策定された五全総に相当する21世紀の国土のグランドデザインでは多軸型国土構造形成へと，そのコンセプトは推移していきます．これらの過程を通じて，地域間の所得格差も最初の全総を策定した1960年当初と比較して大きく縮小しました．また同時に，日本の社会も成熟が進んで，開発という用語がなじまなくなってきました．このため，開発指向の強い上位計画は一定の役割は終えたとの評価がなされるようになりました．

以上のような流れも踏まえ，2008年には国土計画がその基本的な考えから大きく改定されることになりました．具体的には，国土形成計画法に基づき，その後のおおむね10年間における国土づくりの方向性を示す計画として，**国土形成計画（全国計画）**が閣議決定されました．この計画は，新しい国土像として，東北地方，九州地方といった**多様な広域ブロックが自立的に発展する国土を構築するとともに，美しく，暮らしやすい国土の形成**を図ることとし，その実現のための戦略的目標，各分野別施策の基本的方向などを定めるものとなっています[7]．少なくとも開発の文字は取れたことになりますが，各広域ブロックでは全総時代に開発が積み残しになったままのプロジェクトもあり，それらを今後どう位置づけるかという課題は残っています．また，各広域ブロックが自立的に計画を主導するという形になったため，たとえば中国ブロックと四国ブロックは中四国として一体の計画を策定すべきかどうかなど，将来計画されている道州制とどう対応するかといった問題も関係することになります．中央政府のかかわりが弱くなったぶん，地域間相互でコミュニケーションが的確に取れるということが，今後の国土計画や広域計画の策定，およびその実施のうえでの大きなポイントになります．

さらに，2014年には国土の**グランドデザイン2050**が提示され[8]，人口減少社会に対応するうえで**拠点形成とネットワーク整備の重要性**が再確認されました．この考え方を受け継いで，翌2015年には国土形成計画が改定され（**第二次国土形成計画**），**重層的かつ強靭なコンパクト＋ネットワーク**がその基本方針として提示されています．さらなる第三次の改定では，デジタルとリアルの融合をはじめとした，シームレスな拠点連結型国土が提案されています[9]．

参考文献

［1］ 谷口守：生き物から学ぶまちづくり，―バイオミメティクスによる都市の生活習慣病対策―，コロナ社，2018.

［2］ Juillard, E.: La Region, Essai de Definition. Annales de Géographie, pp. 483-499, 1962.

［3］ 青木伸好：地域の概念，pp. 6-11，大明堂，1985.

［4］ 大村謙二郎：ドイツにおける都市計画の分権化，伊藤滋編集代表，小林重敬編著：新時代の都市計画，1．分権社会と都市計画，pp. 285-299，ぎょうせい，1999.

［5］ 中井検裕・村木美貴：英国都市計画とマスタープラン，学芸出版社，1998.

［6］ 谷口守：ガイダンスによる都市・地域計画コントロールの試みと課題，日本都市計画学会学術研究論文集，Vol. 33，pp. 109-114，1998.

［7］ 国土交通省国土政策局：国土形成計画（全国計画）（平成 20 年 7 月 4 日閣議決定），https://www.mlit.go.jp/kokudoseisaku/kokudoseisaku_tk3_000082.html

［8］ 国土交通省国土政策局：国土のグランドデザイン 2050，https://www.mlit.go.jp/kokudoseisaku/kokudoseisaku_tk3_000043.html

［9］ 国土交通省国土政策局：第三次国土形成計画（全国計画）（令和 5 年 7 月 28 日閣議決定），https://www.mlit.go.jp/kokudoseisaku/kokudokeikaku_fr3_000003.html

暮らしを支える都市

平穏で豊かな日常生活を行うため，都市のどこにどのような施設や機能を配置し，それらをどう活用するかということは，都市計画の主要な課題といえます．今日では，都心の衰退，郊外への施設流出，人口減少に伴う用途の交錯といった事柄が，その点で都市計画上の大きな課題となっています．併せて，弱者が困らないことや，災害から命を守れることといった安心・安全上の課題についてもつねに配慮が必要です．

5.1 施設配置を考える

都市はわれわれの日常的な生活の場です．そのようなごく当たり前の目的を満たすために，都市の中に基本的な生活サービスが整っていることが必要不可欠となります．換言すると，**生活のための「環境」が十分に整っているか**ということです．ちなみに，「環境」とは非常に広い意味をもつ用語といえます．具体的には，環境という概念には，「地球環境」もあれば「生活環境」もあり，その内容は両者で大きく異なります．この章では，まず，普通に暮らしていくための生活環境を，都市計画を通じてどう整えるかということを主眼に，生活に必要な施設やサービスの面からそのあり方を考えます．

都市生活を行っていくうえで，われわれは様々な施設を必要としています．具体的には，住居，職場（オフィス），商店，病院，学校，福祉施設，公園などが挙げられます．また，これらの諸施設を相互に結ぶ道路や公共交通なども，重要な都市の施設です．同時に，上下水道，電気などのライフラインも，都市に不可欠な施設といえます．このほかにも，直接には日常生活に関係する要素は少なくとも，工場，廃棄物処理施設，墓地に至るまで，様々な施設が都市には存在します．

これら諸施設が，どこにどのように配置され，提供されているかということが，都市の暮らしを考えるうえで非常に重要な要素となります．よくある問題として，個別の施設が不足しているといったことや，あるべき場所にあるべき施設が存在しないといったことがあります．一例を挙げると，都市の中で全体的に保育所が不足しているといった問題が指摘されています．**図 5.1** は，このような施設配置を考えるうえで，どの程度の人口規模の都市には一般的にどのような諸施設が立地してい

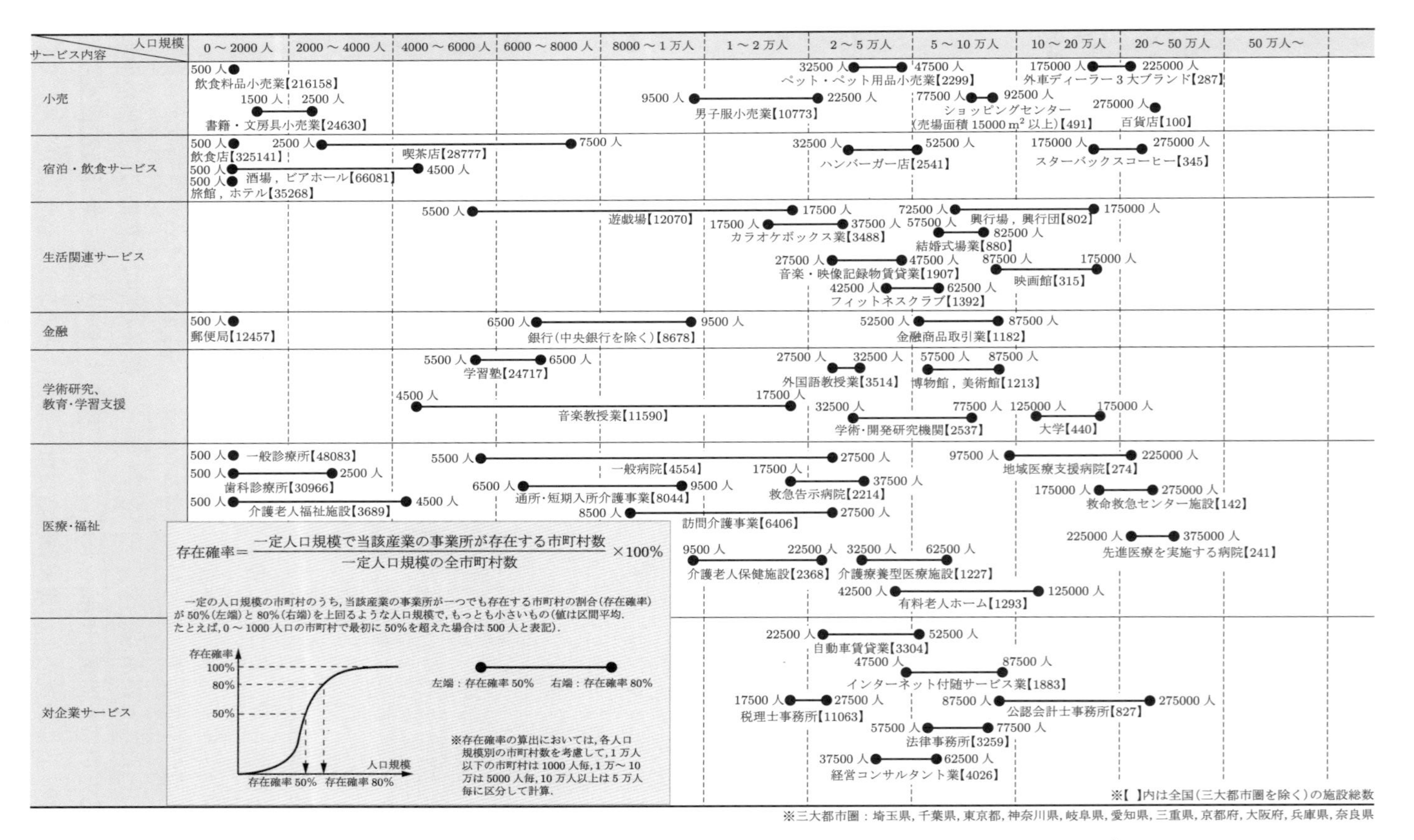

図5.1 各サービス施設の立地確率が50%および80%を超える市町村の人口規模（三大都市圏を除く）
［（出典）国土交通省資料より］

るかということを示すものです．もちろん，居住者の人口構成やニーズによってこの値は変化するものですが，中心性の高い大都市になるほど，より専門性の高いサービスを提供する施設の立地が見られます．

一方で，人口の減少に伴い，一部地域では空き家が増加しているといった問題もあります．また，工場が住宅地と隣接することで，騒音や悪臭など，様々な生活環境上の問題が発生しているケースもあります．都市の中で用途を指定することで，このような問題を軽減するゾーニングという制度があり，その詳細は8章で解説しますが，本章ではまず，このような生活施設配置の現状から，日常の暮らしを考えるうえで一考が必要な事象をいくつか紹介します．

5.2 「都心」対「郊外」

生活環境という視点からわれわれが現在直面しているもっとも大きな都市問題の一つに，中心市街地の疲弊という事柄が挙げられます．現在，地方都市の多くは，**図 5.2** に示すようにかつての中心市街地の多くがシャッター街化し，まちなかにありながら生活サービスを供給する機能を実質的に失っています．この主因として，高度成長期以降のモータリゼーション化に伴い，自動車が各世帯に行き渡ったことがあるといえます．このような社会の変化を背景に，多くの都市では，**図 5.3** に示すように，地価が安く広い駐車場スペースが取れる郊外（サバーブ）に，そこに行けば何でもそろうような大型のショッピングセンターが立地するようになりました．郊外幹線道路沿道にも，自動車利用者をあてこんだ店舗が展開し，さらにその外側に広がる遠郊地（エクサーブ）にもこのような商業形態が広がっています．個人商

図 5.2　中心市街地の現状（福岡県直方市）

図 5.3　巨大駐車場を備えた郊外ショッピングセンター（岐阜県本巣市）

店が多数を占める中心市街地は，魅力度向上のための意見集約が難しいこともあり，**都心は郊外に比較して相対的にその競争力を失っていきました**．

2章ではスプロールの話をしましたが，無計画に郊外に広がるのは住宅地だけではありません．オフィスや商店も，自動車依存が進む中で多くの都市で無計画に郊外に広がってきました．とくに，自動車依存度の高い米国では，遠郊部など圏域の端（エッジ）に，エッジシティとよばれる無計画な機能集積地が出現することが指摘されてきました．

このような郊外化は，これからもずっと続いていくのでしょうか．その答えのヒントを得るために，わが国よりもずっと早くモータリゼーションが進み，ショッピングセンターなどの施設立地の郊外化が進展してきた自動車依存の先進国ともいえる米国の例を見てみましょう．**図5.4**は，米国中部の自動車依存の著しい都市，デンバーの郊外大型ショッピングセンターの様子です．このショッピングセンターは1970年代に開業したもので，現在でも営業を続けていますが，一見してわかるようにシャッターを閉めたままの店舗が散見されます．このほかにも，開業から30年を過ぎたような郊外大型ショッピングセンターでは客足が遠のき，センター自体が閉鎖されるところも少なくありません[1]．

図5.4　シャッター街化した郊外大型ショッピングセンターの内部（デンバー）

図5.5　人通りの戻ったデンバーの中心市街地（16番街）

これと同時に，昔からの都心に人が回帰する動きも発生しています．**図5.5**は，一時はさびれたデンバーの都心ですが，この写真に示す16番街の車道部分をバス専用道路にし，きわめて利便性の高いバスサービスを導入することで集客を復活させています．具体的には，高頻度，無料でバス停間隔を短くし，100 m離れた店に行くのにでも待たずに快適に動けるような仕組みをつくりあげました．このように自家用車を入れず，公共交通と歩行者だけで交通機関を構成する商店街のことをトランジットモールといいます．近年では，この16番街に交差する形で郊外よりライトレール（LRT）も乗り入れ，都心の集客力がますますアップしています．7.7節で論じるように，自動車に依存しきった暮らしがなされた米国においてさえ郊外化の流れは反転し，このような**公共交通志向，都心回帰の動きが発生**しています．

この米国の例からもわかるように，時代の流れとともに，都市の中でどのような施設がどこにどれだけ必要になるかということは変化しています．このため，将来を考えずに近視眼的な利潤だけを考えて施設配置を行うと，後世の人のためにはなりません．**都市圏全体を見渡し，また先の時代をも見越す，広くて卓越した視野が**計画づくりには求められます．

5.3　交錯する都市

わが国の都市は，上記のような中心市街地の衰退が生じたり，また産業構造が変化したことで，都市の内部構造が変化しています．その多くはわれわれの日常的な暮らしにも大きな影響を及ぼします．まず，都市の中心部では現在，商業施設が廃業したりしたため，空き地が各所に生じています．それらは駐車場などとして活用されるほか，多くはマンション用地に転用されています．地価が下がったことで，地方都市でも本来は商業用地であったところにマンションが建つようになりました．**図5.6**のようなマンションが乱立した状況が，現在どの都市にも見られるようになっています．

図5.6　マンションが乱立する日本の地方都市
（岡山市都心部）

一方，都心では多くの商業施設が廃業してしまい，従来は買い物に便利であったはずの都心地区が，現在は必ずしも便利ではなくなっているという状況もあります．生鮮食料品も満足に購入できるところがなく，砂漠（デザート）化という意味を込めて，**都心がフードデザート化した**といわれることもあります．このような所にマンションが立地し，そこに郊外から自動車利用に慣れてしまった居住者が流入してくると何が起こるでしょうか．具体的に過去からの経緯を考えると，買い物交通は昔は都心に向かって流入してくる流れが主であったといえます．その後は郊外ショッピングセンターへ郊外各所から集中する流れが顕在化しました．そして，このようなマンション立地と都心のフードデザート化に伴い，都心から郊外へと逆に交錯する形で自動車交通が新たに発生することになります．これではせっかく都心に転居しても，自動車に依存した生活から抜け出すことができません．

また，産業構造の空洞化も都市に新たな問題をもたらしています．たとえば，高度経済成長期に隆盛をきわめた町工場などが集中して立地している工場地帯では，工場の廃業や転出が生じた結果，ここでも空き地が多く発生しています．このため，そのような本来居住用にはあまり適さない土地利用となっている場所においても，多くのマンションの立地が進んでいます．この結果，後から地域に入ってきた住民が，以前からある工場の騒音に対し苦情を呈するといったことも生じています．それらの中には，**図 5.7** に示すように，もともと工場用地として想定されていた地域も多く，立地が禁じられていないために安易なマンション建設が土地利用を交錯させる結果を招いています．

図 5.7　マンションなどの混入に対する注意喚起（東京都大田区）

ここで紹介した諸問題は，高度経済成長期に多くの都市圏で見られたスプロール問題とは性格が異なります．都市をめぐるトレンドが成長から縮小へと転換したために，それぞれの場所ごとに，いままでとは異なる当初は予想できなかった新たな問題が発生しているのです．それらの問題の多くは，これらの例のように**当初意図されていなかった諸機能の「交錯」によって顕在化**しているといえます．計画を一度決めたら無思考に固定してしまうのではなく，時代に応じた形で迅速に対応していく必要（アジリティ）があります．

5.4 弱者を支える

これからの都市の生活環境を考えるうえで，避けて通れないのが高齢者など移動面における弱者（交通弱者）への対応です．交通弱者には，自動車を利用できない人に加え，身体的な面で移動に困難を伴う人も含まれます．今後は高齢者人口比率がさらに高まるのに加え，人口減少や一人住まいの増加に伴って，交通弱者を支える潜在的な担い手の減少も発生します．また，交通弱者に対して配慮された生活空間や交通システムは，誰にでも使いやすいユニバーサルなデザインを志向するものであるため，一般市民にとっても質の高い空間となります．これは単に低床型バスを増やすというだけではなく，都市の中のどこにどのような施設やサービスを配置すべきかを考え，その間をどのような交通サービスで有機的に結ぶかということも含まれます．さらに，ハードだけではなく，それらをどう運営，活用するかといったソフトの問題に加え，**どう支えていくことを認識するかというハートの問題**でもあります．これらの問題意識の高まりを受け，個人がより自由に移動できるような社会を目指す交通政策基本法も 2013 年に策定されました．これは，地域で個人の移動を支えていくことが，これまでにも増して市民一人ひとりに理解される必要があるということでもあります．ただ，どこに住んでも移動する自由を保証せよとはいえません．コストや市街地構造の面から考え，適切な一定範囲の中では自動車に頼らなくとも暮らしていけるよう，公共交通のサービス水準を極力高くしていく必要があります．

一方，地域における公共的な交通サービスの現状は，誠に心許ない状況です．路線バス事業の自由化が進んだことで，各地で生活の足となる路線からサービスの撤退が進んでしまいました．また，4 章で述べたように，もうかるバス路線だけに競争参入し，結果的に地域全体の公共交通サービスを疲弊させるクリームスキミングという行為も散見されます．さらに，居住者の多くは日常的に自動車に依存しているため，自分の地域にどのような公共交通サービスが提供されているか，まったく認識がない人も少なくありません．地域で公共交通が利用されなければ，それらが廃止されるのは時間の問題になります．そのように廃止が進んだ後で，自分が高齢になって自動車を手放すようになった際に，はじめて地域に十分な公共交通サービスがなくなってしまったと認識せざるをえなくなるケースが，今後は増えると考えられます．

実際に自動車を手放した高齢者の行動を調査した研究[2]に基づき，**図 5.8** に運転免許返納者が返納後に買い物行動においてどのような交通手段を利用しているかを示します．居住地によってその傾向は大きく異なっており，中山間地域においては周囲の人の送迎に大きく頼る結果となっています．なお，いずれの地域においても，公共交通の占める割合は 1 割程度しかなく，地方都市圏においては，都市部においても十分な足として公共交通が機能しているとはいいがたい状況にあることが示されています．

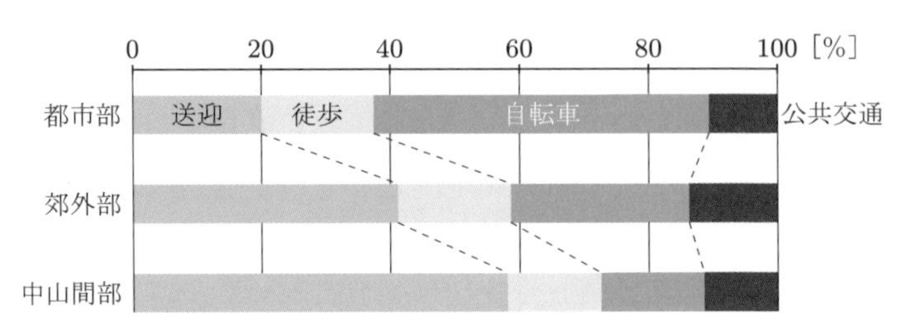

図 5.8　免許返納者の返納後の買い物交通手段（岡山県のケース）
[（出典）橋本成仁・山本和生：免許返納者の生活及び意識と居住地域の関連性に関する研究，土木学会論文集 D 3，Vol. 68-5，pp. I_709-717，2012.]

また，図 5.8 からわかることの一つは，都市部の方が自転車などの利用を通じて高齢者自身が自立して動ける要素が強いということです．都市サービスを提供する施設が近隣に存在するような都市の構造に一つの価値があるのです．実際，居住密度が高く，また公共交通利便性の高い地区の居住者の歩行量は相対的に多くなっています[3]．健康寿命を延ばすうえでも，必要な都市サービスまで自動車に頼らないで行ける都市づくりが重要です．これは，都市の中で医療施設をはじめ，高齢者の利用頻度が高い施設はなるべくコンパクトに公共交通に支えられたエリアにまとめていくことにほかなりません．**都市を，その構造から弱者配慮型にしていくという考え方**です．このような考え方に従って，現在，国においても**図 5.9** に示されるようなイメージに基づくまちづくりが推奨されるようになってきました[4]．

なお，当然ですが，このことは高齢者だけしか考えないまちづくりがよいという意味ではありません．交通弱者にとって使いやすい交通システムや都市構造は，一

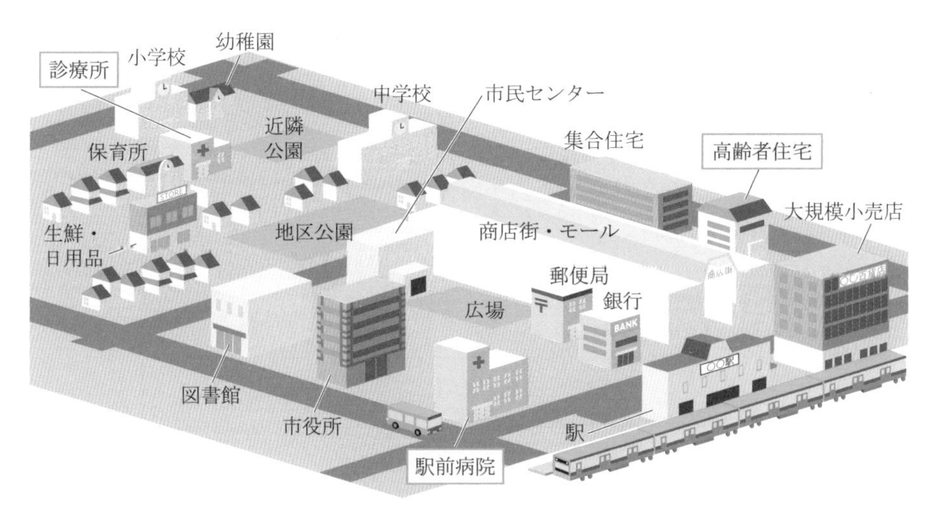

図 5.9　医療・福祉施設をまちなかに

図 5.10　ベビーカーにも優しいライトレールの例

般的に誰にとっても使いやすいものです．たとえば，子育て世代にとってもそのような空間はありがたいでしょう（**図 5.10**）．その意味で，都市全体をバリアフリーからユニバーサルデザインに基づく質の高い空間へとグレードアップしていく発想が重要です．若者から高齢者まで，多様な主体がそれぞれ自立的に楽しく動き，活動できるまちづくりを考えていく必要があります．

5.5　安全な都市

日常生活を考えるうえで，安全・安心はもっとも重要な条件といえます．日本は世界の中でも非常に災害が多い国であるのはよく知られています．**図 5.11** に，第

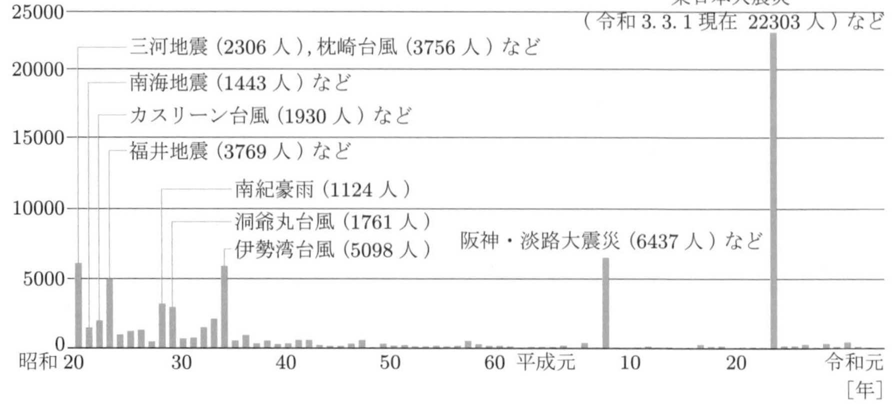

図 5.11　わが国の自然災害による年別死者・行方不明者数
［（出典）令和 3 年版 防災白書概要］

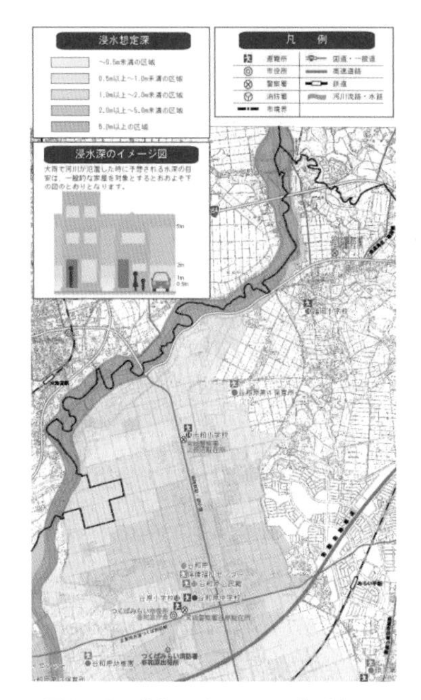

図 5.12　洪水ハザードマップの例
［（出典）つくばみらい市 HP］

図 5.13　沿岸部に整備された津波避難タワー（宮城県石巻市）

二次大戦以降のわが国のおもな災害による死者・行方不明者数を示します．この図より，「**災害は忘れた頃にやってくる**」という言葉を，われわれはかみしめなければなりません．災害時の被害を少しでも軽くするために，日頃から関連する情報を十分集め，整理するとともに広く周知しておく必要があります．そのような取り組みの代表事例として，**ハザードマップの作成・周知**が挙げられます．ここでは，洪水被害を対象としたハザードマップ（茨城県つくばみらい市）の例を**図 5.12** に示します．また，**図 5.13** に，津波避難を目的に整備された避難タワーの例を示します．

ハザードマップは，ある想定のもとで，どこにどれだけ災害が発生するかを図化したものです．以前は「各地点の災害危険度がわかってしまうとそこの地価が下がる」といった身勝手な理由で，自治体がせっかく作成したハザードマップをなかなか公開しなかった時代もありました．しかし，阪神・淡路大震災以降は風向きが変わり，近年では多くの自治体がホームページなどで様々な災害に対するハザードマップを公開するようになっています．ここで注意が必要なのは，いずれのハザードマップも一定の想定のもとで作成されたということです．たとえば，洪水ハザードマップの場合は，川のどこの堤防が決壊するかによって，被害が及ぶ場所や範囲は当然大きく変わります．このため，ハザードマップを参考にしながら，そこで書かれている想定の外の事象にも備えることが重要になります．東日本大震災において，各地で想定を超える津波によって予期せぬ甚大な被害を被ったことが，この想定外対応の重要性を浮き彫りにしました．

また，東日本大震災を通じ，**国土や都市を強靭化**していくことの必要性が改めて確認されました．強靭性（レジリアンス）の定義は，**図 5.14** に示すように，社会基盤やそれが支える社会および経済が，一時的に大きなダメージを受けて損なわれ

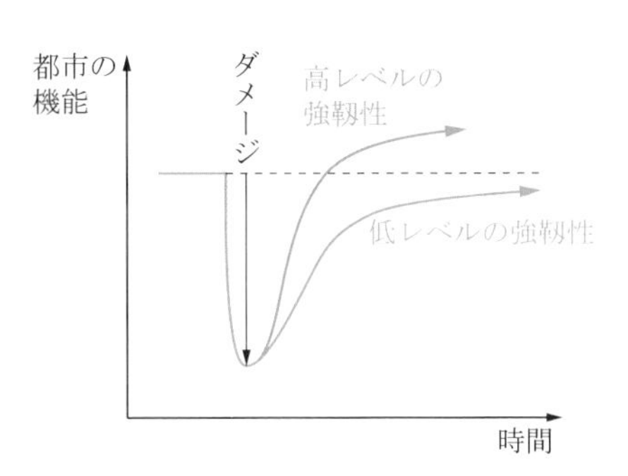

図 5.14　レジリアンスの概念

ても，速やかに復活できるということです．なお，実際の議論の中では，種々の社会基盤が多少の災害では壊れたり，機能が損なわれたりしないこと（ダメージ自体を小さくすること）という意味で使用されている場合もあります．

近年では気候変動の影響もあり，激しい雨が降る頻度も増加しています．2018年7月に発災した死者数100人を超える西日本豪雨に伴い，10章で解説する立地適正化計画も，より防災を重視する形で見直されることになりました．また，2021年には熱海市で大規模な土石流が発生し，盛土自体を規制する新たな法律も2022年から導入されています．

安心・安全の議論の中には，防犯という問題も当然含まれます．様々な犯罪の発生パターンも，都市空間の中で一定の法則性をもって生じていることが，近年統計的に明らかにされてきました[5]．これらの知見も，これからのまちづくりにさらに活かしていく必要があります．

参考文献

［1］ 谷口守：郊外型大規模商業施設の未来と都市圏構造の変革，―自動車依存の進んだデンバー大都市圏の方向転換―，（原田昇代表）総合都市交通計画に関する研究，―低炭素社会を目指した都市構造の再編―，日本交通政策研究会，日交研シリーズA-480，pp. 46-55，2009.

［2］ 山本和生・橋本成仁：免許返納を行うための要因と意識構造に関する研究，―免許保有者と返納者を比較して―，都市計画論文集，No. 47-3，pp. 763-768，2012.

［3］ 谷口守・松中亮治・中井祥太：健康まちづくりのための地区別歩行喚起特性，―実測調査と住宅地タイプ別居住者歩行量の推定―，地域学研究，Vol. 36，No. 3，pp. 589-602，2007.

［4］ 国土交通省都市局：健康・医療・福祉のまちづくりの推進ガイドラインの策定について，https://www.mlit.go.jp/toshi/toshi_machi_tk_000055.html

［5］ たとえば，雨宮護：潜在成長曲線モデルを用いた地区レベルでの犯罪の時系列変化と地区環境との関連の分析，―東京23区における住宅対象侵入窃盗犯を事例に―，都市計画論文集，Vol. 48，No. 3，pp. 351-356，2013.

［6］ 中出文平・地方都市研究会編著：中心市街地再生と持続可能なまちづくり，学芸出版社，2003.

［7］ 今中雄一編著：認知症にやさしい健康まちづくりガイドブック，学芸出版社，2023.

［8］ 家田仁・朴乃仙編著：「しぶとい都市」のつくり方，脆弱性と強靱性の都市システム，東京大学都市持続再生研究センター，2012.

豊かな都市空間を考える

本章では，現在われわれが暮らしている都市の空間を見直し，豊かさを実感できる空間づくりとは何であるかを自省します．とくに，地域における歴史や風土に対する配慮の重要性を確認するとともに，都市デザインや景観計画についても考えます．また，限られた空間の効率的活用法に触れるとともに，生活の質を高めるうえでわれわれが見落としがちな事柄についても言及します．

6.1　心休まる空間づくり

われわれが人間らしい暮らしをしていくうえで，その活動の場である都市が豊かで心休まる空間であることは当然期待されます．先の章で述べたような競争の激しい世界都市であっても，また地方の集落であっても，各地域においてふさわしい形で質の高い空間づくりを目指していく必要があります．なお，どのような都市空間が豊かな空間として好まれるかについては，個人差や趣味の違いも大きく影響します．本章で例示する様々な事例を見ても，どれがすばらしく，どれがいけないと単純に決めることは容易ではありません．

図 6.1 は京都のまちなかの景観です．本来は低層の町家で構成されていた京都のまちも，この写真のように，現在では多くのマンションが林立しています．一方，町家は建築されてから時間がたっており，住宅の諸設備の面などで近代化が難しく，生活の利便性を考えるとマンションに住む方が快適だという意見もあります．また，

図 6.1　京都における町家とマンションの混在化［撮影：中道久美子］

図 6.2　郊外幹線道路沿道の土地利用（岡山市）

地主にとっては，十分なニーズがあれば，土地をマンションとして有効活用したいという考えは自然です．そのため，多くの町屋の取り壊しが進んでいます．一方で，このような形で古都の景観が失われてしまうことは，日本人が誇りとする心休まる和空間の喪失を意味します．これは，便利な生活や経済的な利潤を前にして，一般の個人がどこまで伝統的な暮らしを守るということに耐えられるかという問題ともいえます．便利さや利潤というこの問題と同じ観点から，わが国の都市郊外は**図6.2**のような景観へと変貌を遂げました．これら郊外沿道の商店は入れ替わりが激しく，焼畑式商業とも揶揄されるとおり，その便利さと引き換えに非常に落ち着かないものとなっています．十分な計画もなく，狭い範囲での便利さと利潤だけを追って都市が拡大すると，非常にコストのかかるスプロール市街地が生じるのは，すでに2章で解説したとおりです．**個々の経済性を追い求めすぎると，都市空間としての，さらに社会としての豊かさが損なわれる**ことにわれわれは気づく必要があります．

値段が安いだけのすぐに使えなくなる安物ではなく，使えば使うほど味の出る品質のよいものに，多少は値段が張ってもしっかり投資すべきであるということは，普段の買い物でも都市づくりでも同じです．**図6.3**のように，歩道までしっかりと緑のスペースがデザインされた空間づくりに力の入った住宅地は，実際の不動産取引データを見てもその価値がなかなか下がらず，長く使える空間になっています．また，豊かな空間という点では，むしろ開発圧力の弱い地方部において，**図6.4**のようなその地域の生業（なりわい）の見える景観が豊かに残っているケースを目にするのは興味深いことです．そこで生身の人間がしっかりと暮らしているという事実が，その空間の価値を豊かにするのです．

図6.3　質の高い住宅地空間の例（岡山県赤磐市）

図6.4　生業（なりわい）の見える地方集落（青森県外ヶ浜町）

6.2 風土と歴史を活かす

その土地の風土を都市の空間づくりに活かせるならば，それは大変すばらしいことです．しかし，それは簡単ではありません．たとえば，森林が豊富で良質の木材が生産される地域では，それらを活用して良質の木造住宅を整備するのが自然な考えです．しかし，その地域で生産する木材より，外国から輸入する木材の方が安かったり，それよりさらに，工場製品として全国に同一品質で提供されるプレハブ住宅の方が安いため，結局，全国どこでも同じような住宅が建ってしまうということになっています．これは地域での生業が弱くなっているということでもあります．たとえば，**図6.5**のアフリカの都市のように，地元で生産されるもののみで建築物を構成した都市は，世界の中にはまだ存在します．しかし，なかなかこのような真似はできません．**図6.6**の金山町では，雪が深いという他地域にはないハンディを克服するために，生活の利便性も考慮して，景観を考慮しながら，冬に雪に埋もれてしまうところはコンクリートづくりにしています．このことで，統一感のあるまちなみが生まれており，問題解決を通じて結果的に暮らしやすく，かつ個性ある都市空間が構成されています．

図6.5 モロッコ，マラケシュのすべてが地元産の赤土でできた都市

図6.6 豪雪地帯の風土を考えた地域づくり（山形県金山町）

その地域独自のものや個性があることは，住民にとっての誇りとなり，また，場合によっては貴重な観光資源ともなります．このため，**歴史ある市街地や優れた景観を残していくのは大切なこと**で，豊かな都市空間を形成するうえで，一つの基本といえます．先に例示した京都や奈良，鎌倉などの古都では，歴史的風土特別保存地区として，個別に保存のための地区指定がなされています．その範囲内では，建築物およびほかの工作物の新築・改築・増築・宅地の造成，土地の開墾その他の土

地の形質変更，樹木伐採，土石採取，建築物等の色彩の変更，屋外広告物などが規制されています．また，1919年の都市計画法で制定された風致地区は，自然景観を維持し，樹木・緑地等の保存を図る目的で指定され，地区内の建築，宅地造成，樹木伐採などの規制がされています．東京都の明治神宮内外苑付近（**図6.7**）や，京都の嵐山地区がこの風致地区に該当します．

歴史ある建造物が多く残っている地域では，伝統的建造物群保存地区の指定が市町村によってなされています．価値ある伝統的建造物群とその周辺環境を保存することが目的で，指定を受けると，建造物，土地の形質，樹木等の現状の変更に対して規制を受けます．また，国は市町村からの申出を受けて，わが国にとって価値が高いと判断したものを，重要伝統的建造物群保存地区（以下，重伝建と省略）に選定します．2021年8月現在で，重伝建は，全国104市町村で126地区（合計面積約4024 ha）あり，約30000件の伝統的建造物等が保護されています[1]．**図6.8**，**図6.9**などがその例です．なお，**図6.10**の川越市（埼玉県）の例では，せっかく重

図6.7　明治神宮外苑の風致地区

図6.8　青森県黒石市こみせの景観

図6.9　大分県日田市豆田町の景観

図6.10　川越市の重伝建沿道の渋滞

伝建に指定されたにもかかわらず，沿道の自動車渋滞がひどく，交通面も含めた空間計画を考える必要があることがわかります．

6.3 都市デザインと景観を考える

このような歴史や風土の見直しをきっかけに，都市全体のデザインや景観を考えていくことは，豊かな空間づくりの一つの流れといえます．わが国では都市景観に対する配慮が不十分でしたが，2004年に景観法が制定されるに至り，都市づくりにおいて，以前よりも確実に配慮されるようになってきました．ただ，実際の都市の景観形成には，景観法だけではなく，既存の都市計画法や建築基準法といった関連の法律も深く関係します．このため，8章で解説する地区計画などの地区指定などを通じて，土地利用や建築物等の規制誘導を行うことも必要になってきます．なお，多くの心ある地方自治体では，これらに加え，景観形成のための条例や要綱を個別にまとめています．一方で，景観をめぐる議論はどうしても規制が中心となるため，歴史的遺産をまちづくりに活かすという観点から，「地域における歴史的風致の維持及び向上に関する法律」（歴まち法）が2008年に定められるに至りました．

いずれにしても，都市の景観は，**個別の建築物やもともとの自然景観，および様々な社会基盤がその構成要素**となっています．個別の建築物のデザインを担当する建築家は，往々にして自らの作品をどう個性あるランドマークとして印象づけるかということに心を砕きます．それらをパーツとして含みながら都市全体を調和さ

図6.11　まち中から目を引くランドマーク（茨城県水戸市，水戸芸術館）

図6.12　建物の外観と高度を変えない街区（英国，ロンドンのメリルボーン地区）

図 6.13　庭園景観と異質な高層建築
（広島市，縮景園）

せ，豊かな空間を創出していくことは簡単ではありません．また，景観は人によって好みも違い，一概に方向性を決められません．図 **6.11**～**6.13** に，都市景観を考えるうえで示唆的な事例をいくつか提示します．何かを都市空間につくるとき，周囲にそこから何らかの影響が及ぶことを理解しておく必要があります．

一方，都市の景観を考えるうえで，屋外広告をどう扱うかということも一つの重要なポイントです．周囲を考えない屋外広告は都市の景観を乱すことになるため，地方自治体の多くは屋外広告条例を定め，広告物設置の禁止地域や禁止広告物を明確にしています．とくに古くからのまちなみの中では，看板のサイズやデザイン，色使いにまで配慮する必要があります（図 **6.14**）．一方で，屋外広告があまりに過剰で，そのことが逆にまちの個性を演出している図 **6.15** の香港や，図 **6.16** の札

図 6.14　スペイン，ビルバオの歴史的市街地におけるベレー帽店の看板

図 6.15　香港の看板群

図 6.16　札幌市すすきのビル壁面広告

図 6.17　景観を配慮した，木目調の自動販売機（岐阜県中津川市，馬籠）

幌市（北海道）のような極端なケースもあるのは興味深いことといえます．また，屋外の公共空間で目に着くものは看板だけではなく，様々な設置物があるため，状況によってはそれらに対する配慮も必要です．たとえば，**図 6.17** では，通常は原色でカラフルな自動販売機を木目調の色彩とすることで，周囲の木造建造物群の中でも景観として違和感がないようにされています．

6.4　空間利用の効率化

わが国の都市の場合，都市空間が高密でスペースが足りないため，豊かさが実感できないということも繰り返し指摘されてきました．この点で，**狭い空間を少しでも効率的に利用しようという工夫**も各所でなされています．たとえば，大都市都心など，そこに立地したいという企業は数多くあり，オフィス床に対する需要が旺盛である反面，公共スペースが不足する傾向にあります．このため，そのような地区の中には，**図 6.18** のように公開空地の制度を活かしているところが少なくありません．この図を例に説明すると，もともと公共スペースとして存在する写真左側の歩道に加え，右側のビルが自らの用地を緑を配した誰でも利用できるオープンスペース（公開空地）として提供し，実質的に十分な歩道空間を確保できています．ビル側にとっては，私的な空間をこのように公共に供出することにより，ビルの容積率（床面積）を通常の規制範囲を超えて増やしてもらうことができます（ボーナス制）．こういった空間のやり取りを通じ，公共側，民間であるビル側の双方にメリットが生じます．

図 6.18 では，空間を平面的に公共と民間の間でやり取りするものでしたが，立

図 6.18　公開空地の事例（大阪市）

体的な観点からも空間利用の効率化は試みられています．たとえば，**図 6.19** の例では，高層ビルの直下部を幹線道路が通る構造になっています[2]．このような，公共と民間の間での空間の立体的な相互活用には，空間の管理責任をどう考えるかといった制約などから，まだ事例は多くありません．その制約を緩和する仕組みとして立体道路という制度が利用されており，今後の展開が期待される分野です．

これらの事例からも明らかなように，**まちなかでは基本的に公共のためのスペース（道路や公園など）が不足**しているのが実情です．上記の立体道路の例は自動車のための空間捻出法でしたが，歩行者のための空間づくりについても，各所で様々な工夫がなされています．その中でも台湾のケースはその規模が大きく，首都の台

図 6.19　立体道路制度を活用することで道路上に整備された虎ノ門ヒルズ（東京都港区）

図 6.20　騎楼（チロー）による通路の確保（台湾，台北市）

図 6.21　1 階部分のセットバック（和歌山県田辺市）

北では，**図 6.20** のように各建物が 1 階部分の歩道スペースを提供し，それが連続してまちなかで騎楼（チロー）とよばれる歩道ネットワークができあがっています．この歩道ネットワークは，台北市民や観光客を支えるきわめて重要な社会インフラとなっています．形態は異なりますが，同様の思想として日本でも，**図 6.21** に示す 1 階部分をセットバックして歩行者空間を確保しているケースがあります．

なお，空間の効率利用は，何もこのような道路と建物に限ったことではありません．都市空間の中の至るところに効率利用の種が眠っています．たとえば，札幌市の郊外には**図 6.22** に示す広大なモエレ沼公園がありますが，この場所はもともと廃棄物の集積場でした．ゴミ捨て場であった所の上部空間を魅力ある公園として再生したケースで，きわめて豊かな空間を演出しています．**空間をよりよく利用するために何ができるか**を考えるのは，非常に大切なのです．

図 6.22　もともとは廃棄物集積場だったモエレ沼公園（札幌市）

6.5 生活の質を考える

これからのわれわれの生活を考えていくうえでの一つのキーワードとして，「生活の質」（QoL：Quality of Life）という言葉があります[3]．戦後の高度経済成長期を通じ，日本人の生活水準は向上してきました．しかし，近年の社会経済の変動の中で，生活の質としてはまだ不十分な状況を残したまま，人口減少社会を迎えています．また，1997年には，「都市化社会から都市型社会に」，というフレーズが都市計画中央審議会の答申に記載されました．一方で，成熟社会という言葉もよく使われています．これらの状況を総括して問題意識としていい換えるなら，**われわれは余裕をもって成熟した都市での人間らしい生活ができているのだろうか**，ということでもあります．余裕がない生活とは，限られたものに制約される生活です．財政的な制約，環境面での制約など，過去にはなかった諸制約を，われわれは考慮する必要も生じてきています．

たとえば，これからも各所で需要があると考えられる高度医療を例に考えます．一般に，医療施設はそのサービス水準が高いものから順に，一次，二次，三次と分類され，高度な医療技術を提供する病院がカバーする圏域のことを三次医療圏とよんでいます．ちなみに，鳥取県を例にとると，**図 6.23** のように，まだ県内の一部の地域において，三次医療病院にアクセスするのに1時間以上の時間を要します．しかし，だからといってこれら過疎地をすべてカバーする形で三次医療病院を設立していくことは，必ずしも現実的な方法とはいえません．その場でサービスを提供するには十分な需要が確保できない地域には，普段から医療巡回サービスを行った

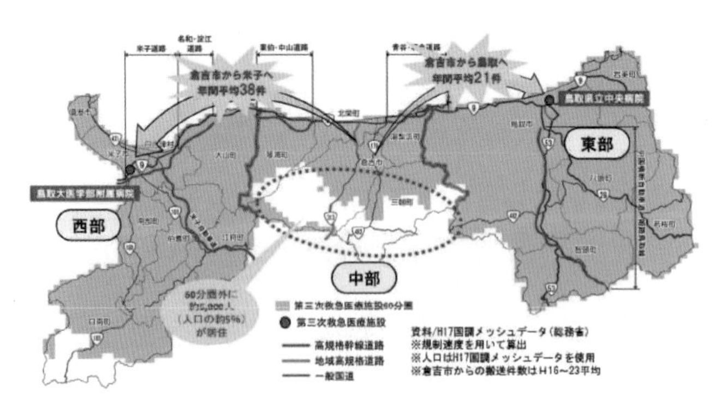

図 6.23　鳥取県内各地からの三次医療施設へのアクセス性
［(出典) 国土交通省中国地方整備局 HP］

り，道路改良を通じて都市部までのアクセス性を高めるなど様々な方策を合わせて考え，諸制約を克服して生活の質を確保していくことが必要になります．地域によっては，より日常的なサービスといえる商業施設が不足しているところもあり，図 6.24 のような移動販売による対応が新たに導入されるケースも増えています．

図 6.24　移動販売によるサービスの提供
［撮影：森英高］

6.6　選択肢を確保する

生活の質を向上させるには，上記のように不便さを克服するとともに，生活のそれぞれのシーンにおいて十分な選択肢があることが重要になります．選択肢の増加は，生活の中で生じる様々なリスクの回避にもつながります．選択肢が増えることによるメリットのわかりやすい例は，ネットワークとしての道路整備です．A 地点と B 地点を結ぶには，道路が 1 本あれば十分です．しかし，その 1 本に混雑や途絶が発生すれば，交通機能が果たされなくなってしまいます．主要な都市や重要な幹線については，相互に補完機能をもつ複数の路線（ネットワーク）があることが期待されます．このような一見無駄にも見える補完機能を冗長性（リダンダンシー）といいます．**どの程度のリダンダンシーを生活の各シーンにおいて準備するか**ということは，プランニングの非常に重要な要素の一つということができます．

2012 年には，開通後 50 年ほどを経た従来の東名高速道路に並行し，より規格の高い新東名高速道路が部分開通しました．この路線は，一時は，無駄な道路建設といった安易な批判により，開通が当初の予定より遅れてしまいました．が，いざ開通してみると多くの旅客に好意的に選択され，沿線も含め新たな賑わいが創出されています．とくに，東海大地震の際に津波被害を受ける確率が相対的に高い旧東名高速との補完機能が確保されたことで，日本全体の安全・安心を支えることにもなっています．一方で，首都圏などの大都市圏を外から通過しようとする交通にとっては，ルートの選択肢が少なく，通過したい車も混雑する都心に入っていかざるを得ないのが日本の道路構造の現状です．**図 6.25** に示すとおり，東京よりも都市圏規模の小さい北京都市圏などの方が，すでにしっかりとした環状道路整備が完了しており，中心部を迂回しつつ都市圏を通り抜けることができるようになっています．産業面から見ても，交通基盤は物流の円滑化を通じて豊かな都市空間を創出するうえでの基本となりますが，そのことが社会的に適切に理解されているとはいえないのが現状です．

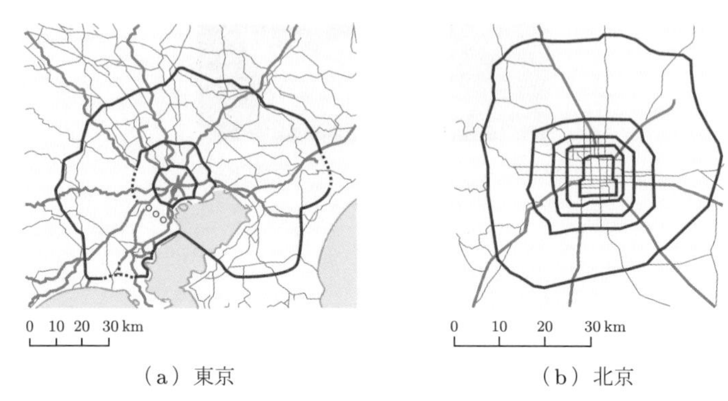

（a）東京　　（b）北京

図 6.25　環状道路が未整備な日本の大都市
[（出典）国土交通省関東地方整備局 HP]

6.7 愛着をもてる空間に

優れた都市空間は人を楽しくさせ，また高揚させます．また，特定の空間やそこにおける人間と深くかかわることで，人はその場所や関連する人々との一体感を，愛着という形で認識します．道路を例にとると，近年ではウォーカビリティを考慮し，自動車のための道路から歩く人のための道路へとその考え方も大きく変化しています（**図 6.26**）[4, 5]．

自分が生活する空間，かかわる空間を楽しく感じ，そしてそこに愛着がもてるということは，人生を幸福に送るうえで大切なことです（**図 6.27**，**図 6.28**）．このように，地域や空間に対して愛着を醸成するということは，いままでの地域政策の中でそれほど配慮されていたとはいえません．地域政策，社会基盤，景観をつなぐ

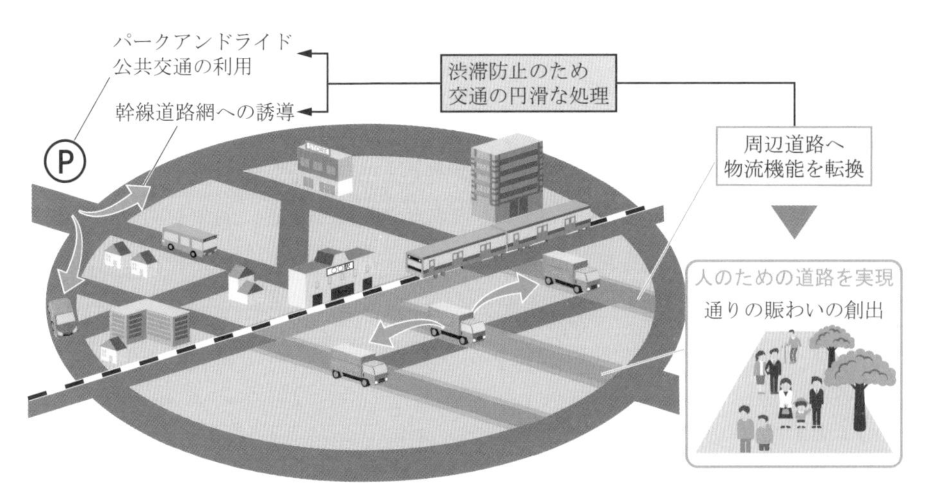

図 6.26　ウォーカブルな道路空間の整備
[国土交通省道路局：多様なニーズに応える道路ガイドライン，2022．より作成]

図 6.27　地域のお祭りを支える（札幌市）

図 6.28　イタリア，ミラノのビットリオ・エマニエル II 世のガレリア（Galleria Vittorio Emanuele II）で

公共スペースをどうデザインしていくのかが，その目的を達成するうえでの重要なポイントになります[6]．

なお，地域に対する愛着は地域に対する満足度にも直結しますが，それだけに今後の計画を考えるうえで，住民に対する満足度調査などを行う際には注意が必要です．すなわち，住民の満足度が高いからといって，必ずしもそこに課題がないというわけではないのです．たとえば，昔から長く過疎地に住んだ高齢者の地域に対する満足度は，都市居住者のそれよりも高い場合が一般的です．だからといって，そこに課題がないわけではありません．ほかに選択肢がない場合，人は自分で自分を満足していると納得させることで，精神的安定を保とうとするのです．この逆に，大都市ではすでに多様で十分なサービスが，周囲より相対的に提供されている場合でも，満足度としては高くならないケースが散見されます．本当のところどうしたらよいかは，住んでいる当事者にはなかなか見えない場合も多いのです．このことから，**都市づくりにおいて住民に対する安易な満足度や要望に関する調査に頼るのは避けた方がよい**といえます．プランナーが豊かな空間づくりに介在することの意義の一つは，ここにもあるといえます．

参考文献

[1] 文化庁：https://www.bunka.go.jp/seisaku/bunkazai/shokai/hozonchiku/

[2] 東京都都市整備局：https://www.hido.or.jp/14gyousei_backnumber/2014data/1408/1408kanjyouII_rittaidouro.pdf

[3] 林良嗣・土井健司・加藤博和：都市のクオリティ・ストック，鹿島出版会，2009.

[4] 国土交通省道路局：多様なニーズに応える道路ガイドライン，https://www.mlit.go.jp/road/ir/ir-council/diverse_needs/pdf/guideline.pdf

[5] ジェフ・スペック著，松浦健治郎監訳：ウォーカブルシティ入門，―10のステップでつくる歩きたくなるまちなか―，学芸出版社，2022.

[6] 山口敬太・福島秀哉・西村亮彦編著：まちを再生する公共デザイン，―インフラ・景観・地域戦略をつなぐ思考と実践―，学芸出版社，2019.

[7] 小浦久子：まとまりの景観デザイン，学芸出版社，2008.

[8] 山中英生・小谷通泰・新田保次：改訂版まちづくりのための交通戦略，学芸出版社，2010.

[9] 浅見泰司編：住環境，―評価方法と理論―，東京大学出版会，2001.

[10] I・カルヴィーノ著，米川良夫訳：見えない都市，河出文庫，2003.

[11] マシュー・カーモナ，クラウディオ・デ・マガリャエス，レオ・ハモンド著，北原理雄訳：パブリックスペース，―公共空間のデザインとマネジメント―，鹿島出版会，2020.

持続可能性（サステイナビリティ）に取り組む

本章では，地球環境という視点から計画に関連するトピックを整理します．はじめに，持続可能性（サステイナビリティ）の概念を解説し，SDGsや脱炭素の考え方について整理します．次に，身近な緑を例に，環境課題のスケールの捉え方について示します．また，持続可能性を評価するための具体的な指標について解説します．さらに，損なわれた自然環境を補償するミチゲーションの考え方を紹介するとともに，生活環境と地球環境の両立をどう考えていくかについて，問題提起を行います．

7.1 持続可能性とは

5章では，暮らしを支える生活環境についてお話ししましたが，環境という用語に着目すれば，もう一つ「地球環境」といった視点も無視することはできません．たとえば，地球全体で人口が増加し，また，経済活性化のために消費が推奨される状況の中で，われわれは子孫に対して現在と同じだけの地球環境を果たして残せるのでしょうか．地球温暖化の進展や資源の枯渇など，そのためには解決しなければならない数多くの問題が存在します．また，それら地球環境や生活環境といった，いわゆる環境の維持が困難となれば，社会や経済も広く影響を受けることになります．

この問題が広く理解されるようになったきっかけとして，1987年に発表された国連の「環境と開発に関する世界委員会（ブルントラント委員会）」の報告書，「われら共有の未来（Our Common Future[1]）」を挙げることができます．この報告書では，「持続可能な開発」として，「**将来世代のニーズを損なうことなく現在の世代のニーズを満たすこと**」という概念を定義しています．具体的には，成長の回復と質の改善，人間の基本的ニーズの充足，雇用，食糧，エネルギー，水，衛生の必要不可欠なニーズへの対応，人口の抑制，資源基盤の保全，技術の方向転換とリスクの管理，政策決定における環境と経済の統合を主要な政策目標として位置づけています[2]．このような諸事象の実現可能性を総称して，「持続可能性（サステイナビリティ）」という用語が用いられています．

また，世界的な環境意識の高まりを背景に，1992年にブラジルのリオデジャネイロにおいて，国際連合の主催により，「環境と開発に関する国際連合会議（UNCED：United Nations Conference on Environment and Development）」が開催されました．各国の首脳レベルが参集し，172カ国4万人が参加した国際会議で，通称リオサミット，地球サミットなどとよばれています．そこでは，持続可能な開発に向けた地球規模での新たなパートナーシップの構築に向けた「環境と開発に関するリオデジャネイロ宣言」（リオ宣言）と，この宣言の諸原則を実施するための行動計画である「アジェンダ21」などが合意されました．また，「気候変動枠組条約」と「生物多様性条約」についても，この会議の場で署名が開始されています．

このように，持続可能性に配慮することの重要性は現在広く認知されるようになりましたが，果たして地球環境にかかわる実態は実際に改善が進んでいるのでしょうか．1992年から2022年の30年間で，温暖化ガスである二酸化炭素（CO_2）排出量は，220億トンから368億トンへ1.67倍にも増加しています[3]．また，気候変動に関する政府間パネル（IPCC：International Panel on Climate Change）第6次評価報告書によると，2001年から2020年における世界の平均気温は，1850年から1900年の間における平均気温よりも0.99℃高く，世界の海水面は，2006年から2018年の間に毎年3.7 mm上昇していることが示されています[4]．さらに，森林面積の減少に関しては，1990年から2020年の30年間で，日本の面積の5倍に相当する178万km^2が失われています[5]．

このように，各種の関連指標を見る限り，持続可能性の達成はきわめて心もとない状況にあります．現在に生きるわれわれの責務として，**なぜ持続可能性の達成が難しいのか，少しでも状況を改善していくためには何をすべきか**を，早急に考えなければなりません．達成が難しい理由の一つとして，地球環境に関連する諸指標は，様々な事象の影響を蓄積しながらゆっくりと悪化していくことが挙げられます．何か特定の行為の結果として，その場で直接影響が確認できることはほとんどありません．これは，何をどれだけ改善すれば，どれだけの改善効果が得られるかというスケール感がわからないということと裏表の関係にあります．また，温帯地方における都市拡大に伴う地球温暖化によって，熱帯地方でより強力な台風が発生するなど，その原因の場所と，問題が発生する場所が異なることも少なくありません．これらの構造的な問題は解決が難しく，特効薬はありません．われわれが置かれている状況を，地道に，できれば数値などの客観的情報で把握し，問題の因果関係を解明していくことがこれからも一層求められます．地球という限りある空間・資源の中で，これからも人類ほか諸生物が命をつないでいくためには，いままでのように各自が無計画で野放図な暮らしをしてもよいというわけではないのです．持続可能性を目指していくという点において，プランニングがいままでにも増して必要とされる時代になったといえましょう．

7.2 SDGs と脱炭素

このような問題意識を共有し，課題を解決していくために，2015 年に国連によって採択された持続可能な開発のための国際目標が SDGs（Sustainable Development Goals）です．具体的に，SDGs は**図 7.1** に示す 17 の目標と，その下に 169 の達成基準と 232 の指標が定められています．なお，この 17 の目標の中で都市計画にかかわる取り組みは，11 番目の「住み続けられるまちづくりを」に直接関係することは明らかですが，他の諸目標についても，多かれ少なかれ直接・間接を問わず影響することが容易に推測できます．

図 7.1　SDGs
［（出典）国際連合広報センター*］

このように感性に訴えるわかりやすいロゴが導入されたこともあり，わが国でも各政府機関や自治体，企業が競うように SDGs の概念を導入しています．いままで持続可能性といった課題にはとくに興味のなかった多くの人や組織の注意を引き付けたという点では，大きな効果があったといえるでしょう．一方で，各組織や個人がいままで行ってきた取り組みを単にどの目標に近いか，その当てはめを行っただ

---

* https://www.un.org/sustainabledevelopment/sustainable-development-goals/
The content of this publication has not been approved by the United Nations and does not reflect the views of the United Nations or its officials or Member States.

けのケースも散見されます．また8番目の経済成長を求めれば，諸活動の活性化に伴って二酸化炭素の発生量が増加し，13番目の気候変動対策に逆行するといった両立が難しい課題も存在します．実際にSDGs達成のためには，**いままでの延長線上にある考え方だけでは難しく，新しい行動を起こすことも必要**となります．

このような持続可能性を取り巻く議論の中で，近年とくに注目を集めているトピックの一つとして，SDGs第13番目の目標である気候変動問題があります．具体的には，IPCCにより，地球の温暖化対策として工業化前からの平均上昇気温を1.5℃に抑えるため，2050年までにカーボンニュートラルを実現することの必要性が指摘されています．カーボンニュートラルとは，大気中に排出される二酸化炭素と，大気中から吸収・固定される二酸化炭素が等しい量となり，全体として差し引きゼロとなっている状況を意味しています．そのためには**図7.2**に示すとおり，**急激な脱炭素を進めていくことが求められています**．

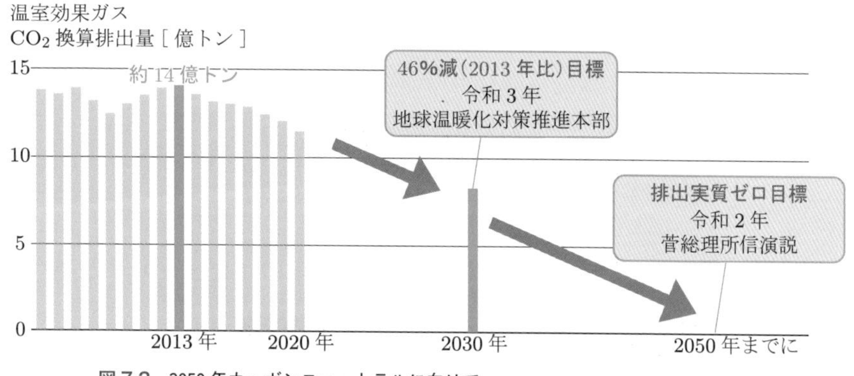

図7.2　2050年カーボンニュートラルに向けて
［環境省：2020年度温室効果ガス排出量（確報値）概要，2022．より作成］

なお，IPCCの予測では，2050年にカーボンニュートラルを達成して以降，将来にわたって大気中の二酸化炭素を逆に大気から吸収・固定しないと，さらなる温度上昇が生じることも指摘されています．グリーン化というキーワードが都市計画でも着目されていますが，先進国と途上国の間でも考え方が割れており，この問題の解決はそれほど簡単なことではありません．

7.3　緑を考える

地球環境を考えていくうえで，CO_2など温暖化ガスの排出に伴う地球温暖化の進展がとくに懸念されています．CO_2の発生を少しでも抑えるとともに，CO_2の吸収源として十分な緑を確保することが必要です（脱炭素の促進）．この緑を考えるということは，先述した環境問題のスケールをよく理解するという面で，たいへんよいトレーニングになります．たとえば，良好な生活環境を確保するうえで，都市内で近隣に手入れの行き届いた緑豊かな公園やオープンスペースがあることは望ましいといえるでしょう（**図7.3**，**図7.4**）．しかし，その一方で，このような公園整備を通じて，脱炭素が十分に促進できるわけではないことに注意が必要です．

図7.3　手入れの行き届いた公園（北海道美唄市）

図7.4　手入れがなされていないオープンスペース

現在，年間に世界中で喪失される森林の面積は，先述した数値から逆算するとおよそ6万km^2になります．その反面，国内で整備される公園面積はどのくらいかご存じでしょうか．それは年間たかだか960 ha（9.6 km^2）でしかありません．公園を国内で新たに整備し，その表面を全部緑で覆ったとしても，その6000倍以上の森林が世界で損なわれている計算になります．

現在，地球上で多くの森林資源が損なわれている場所の一つに熱帯雨林が挙げられます．たとえば，**図7.5**に示す南米アマゾン川の流域では，衛星写真からも容易に読み取れるように，道路沿いに熱帯雨林がくしの歯状に広く伐採され，ほかの用途への転換が進んでいます．いくら個別の公園に緑を増やしても，こういった伐採が広範囲で続く限り，脱炭素など期待できないことがわかります．**このようなスケール感を把握したうえではじめて，地球環境に関する問題の深刻さを適切に理解できます．**

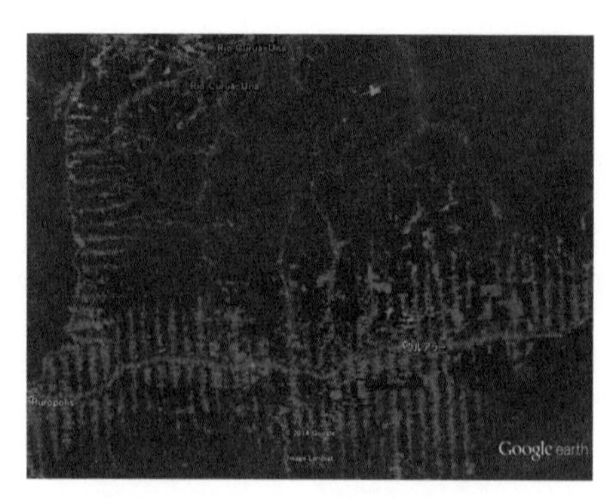

図 7.5　アマゾン熱帯雨林の開発状況

7.4 人口上限を論じる

人類が繁栄し，その人口が増えてしまったために，地球環境問題がより深刻化しているともいえます．**図 7.6** に，有史以来，地球上の人口がどのように増加してきたかを示します．この図から明らかなとおり，産業革命前後で人口の増え方は大きく変化しています．現在では，とくに発展途上国での人口増加率が高く，まだしばらくはこのような急激なペースで世界の人口増加が続くと考えられます．

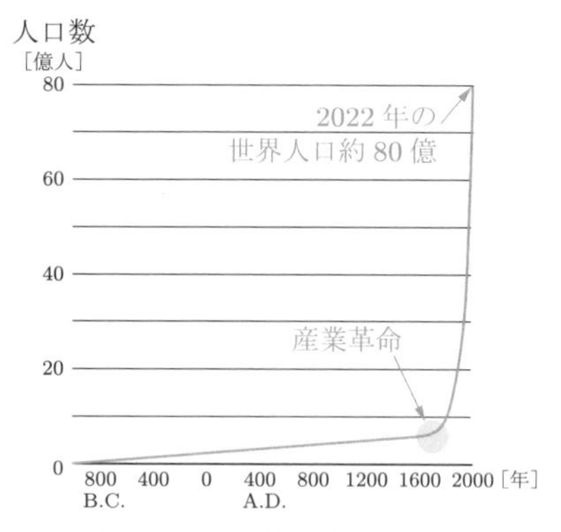

図 7.6　地球全体の人口の変遷

このような世界的な人口増加傾向が顕著になる中で，20 世紀初頭より，**地球上でいったいどれくらいの人口を養うことが可能なのか**ということに興味がもたれるようになりました．当時は持続可能性という言葉はまだありませんでしたが，概念としての持続可能性を考えた議論は，古くからあったということです．とくに，当初は人口の増加を背景として，地球で供給できる食料自体に限界があるため，持続可能な人口には上限があるという考え方に基づき，多くの議論がなされました[6]．このように，食料だけを考慮に入れた持続可能な地球の人口上限数（扶養可能人口）も，その前提の考え方が異なれば，結果として提示された数値も大きく異なりました．両極端の例として，たとえば地球上の農業が可能な土地をすべて食料生産のために振り向け，その地力を最大限活かした場合，1570億人[7]を扶養可能とした研究もあります．一方で，全世界の人間が米国と同じ生活水準で活動するという前提のもとで計算を行うと，10億人しか扶養できないとした研究もあります[8]．これらの興味深い例からわかることは，扶養可能人口など，持続可能性にかかわる指標値は，真値が一つ存在するのではなく，われわれが**どのような暮らし方を選択するかによって，その答えもまったく変わってくる**ということを示唆しています．

ちなみに，上記のような食料ベースによる扶養可能人口を，わが国や国内の各地域に着目して計算してみると，どのような結果が得られるでしょうか．わが国では現在，多くの食料を海外から輸入しています．一方で，かつては**図 7.7** のように，広い面積をカバーしていた食料生産のための水田などの農地の多くは，都市化に伴って**図 7.8** のように姿を消してしまいました．この疑問に答えるため，ここでは産業化以前の江戸時代の土地利用状況を想定し，そこから各地域で養えていた人口を求め，その値を現在の人口と比較してみます．江戸時代において，その地域の扶養可能人口はごく大雑把には，その地域の石高で捉えられていたといえます．石高から求められる各地域（各藩）の扶養可能人口を求め，それを現在の同一エリアの人口と比較すると，とくに太平洋ベルト地帯における地域で，その地域の扶養可能人

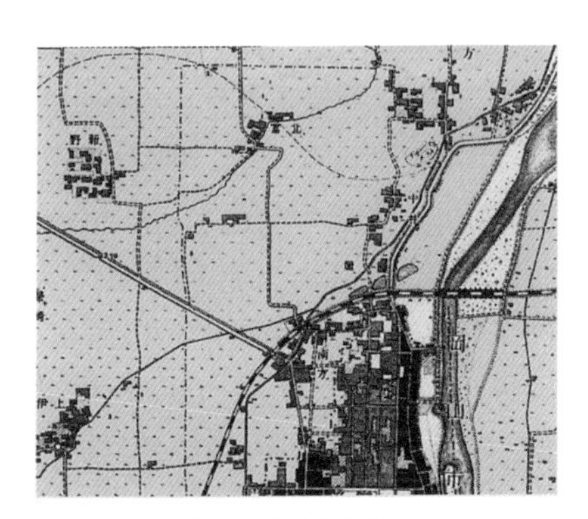

図 7.7　1895年の岡山市北東部
［（出典）陸地測量部作成の2万分の1正式図（御野村）を加工して作成］

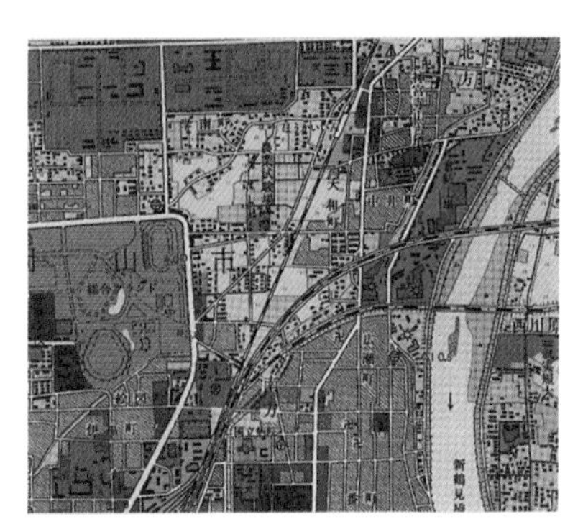

図 7.8　高度経済成長期以降の岡山市北東部
［（出典）国土地理院，土地利用図，岡山北部昭和47年修正測量］

口を大きく超える人口が集積していることが明らかになりました[9]．とくに，東京，大阪，名古屋の三大都市圏でこの傾向は顕著で，本来その地域で対応できる扶養可能人口の5倍以上の人口が集積している地域も少なくありません．その一方で，日本海側の地域の一部では，現在人口が石高より算出される扶養可能人口以下となっているところもあります．地域スケールで考えれば，わが国では都市化や過疎化に伴って，本来のその地域における扶養可能人口と隔たった数の居住者が存在する地域が少なくないといえます．

7.5 環境負荷を測る — エコロジカル・フットプリント

前節の話題は，持続可能性を検討する中で，その一要素となる食料を対象としたものでした．しかし，持続可能性を議論するうえでは，食料はあくまで諸要素の中の一つにしかすぎません．持続可能性を担保していくうえでは，CO_2の森林への吸着による低炭素化の促進や，各種財の消費に伴って発生する環境負荷にも配慮しなければなりません．これら各要素の一つひとつの状況を知るために，各要素に対応した個別評価指標が用いられます．たとえば，CO_2排出量といった指標などはその典型です．一方で，持続可能性の達成状況を包括的に理解するためには，多様な要素を総合的にまとめた評価指標が必要になります．それは総合指標や複合指標などとよばれ，一般的に，各種個別指標を一定の重みづけのもとで組み合わせた形をしています．

複合指標にも様々なものが存在しますが，ここではその代表例として，**エコロジカル・フットプリント**を紹介しておきます[10]．フットプリントは足跡という意味ですので，エコロジカル・フットプリントという用語は，「**環境面においてわれわれが地球を踏みつけている足跡**」という意味になります．具体的には，その環境負荷に対応するために必要な面積が要素ごとに加算されたものがこの値となり，環境負荷が大きければ足跡も大きくなる，という対応関係にあります．このように面積で表現できるので，この指標は直観的でわかりやすいという特長があります．この指標において一般的に考慮されている要素としては，食料生産のための農地，牧畜のための草地，都市的土地利用に必要な面積，CO_2吸着のために必要な森林，紙パルプ製造のために必要な森林などが挙げられます．考慮が必要な環境負荷について足し合わせていく構造なので，対象に応じて，とくに必要な項目を別途考慮して加算することも可能です．日本での試算結果では，世界中の人が日本人と同じ生活をすると，地球が2.3個必要になるということも明らかにされています[11]．

なお，この指標には限界もあります．たとえば，汚染物質や廃棄物などの環境への影響はうまく捕まえることができません．また，一つの森林が炭素吸着の場であるとともに水源涵養に有効であるなど，一つの土地は必ずしも単一機能しかもたないというわけではないので，面積を単純に加算するということにも課題はあります．一方で，この指標の活用可能性は多岐に渡ります．たとえば，その地域で実際に供給できる環境負荷の受容面積（バイオキャパシティ）とのバランスを計測することで，地域の持続可能性達成状況を一つの観点から評価することが可能になります．たとえば，**図7.9**のように，地域内の環境負荷と環境受容のバランス関係を見ることで，その地域が今後持続可能性を達成するうえで，何に対して配慮していく必要があるかを読み取れます．また，環境受容の過不足が各地域で生じることになり，少しでも各地域におけるバランスを改善するため，たとえば環境負荷の地域外からの受け入れについて，一定の価格などをつけて地域間でやり取りを行う発想もありえます．CO_2については，排出量を取引するという発想（キャップ・アンド・トレード）がすでに存在しますが，同じ発想をエコロジカル・フットプリント指標に拡張していくことも，より包括的な観点から持続可能性を考えるうえで想定が可能です[12]．

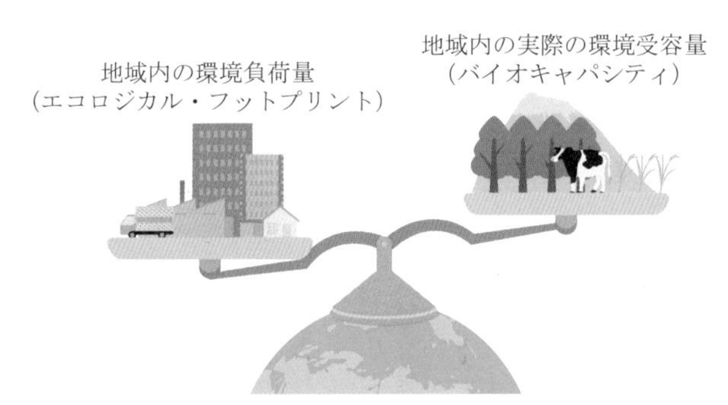

図7.9　環境バランス（エコロジカル・フットプリントとバイオキャパシティ）の基本概念

7.6 損なわれたものを取り戻す

地域に備わっていた様々な価値ある自然や事物は，一度損なわれてしまうと取り返しがつかなくなってしまうものも少なくありません．また，各地域での損失は小さいと思われても，多くの地域での滅失が重なると，全体では広域環境に影響が及ぶことも考えられます．開発などに伴う環境への影響を事前に吟味するため，環境アセスメントといった制度はすでに準備されています．ただ，実際の環境変化には様々な要素が関連するため，開発後に生じるダメージを正確に事前に知るのは難しいことも事実です．それだけに，**適切な計画に基づいた慎重な行動**が求められます．

地域固有の自然環境などは，まず，そもそも損なわれないように配慮することが必要です．たとえば，米国のカリフォルニア州の一部などでは，開発などで損なわれた自然と同等の自然を生み出すよう求められます．これはミチゲーション（緩和）とよばれる手法です．たとえば，サンフランシスコ近郊の沿岸では，**図 7.10** に示すような水質浄化機能に優れた干潟（マーシュ）が広がり，環境保持のうえで大きな機能を担っています．この沿岸に埋め立てなどを伴った新規開発を行うことで干潟が損なわれる場合は，近隣の干潟がない場所に新たな干潟を整備するよう求められることがあります．このように，人工的に自然をつくるという行為に対しては，賛否両論があります．それは技術的にもやさしいこととはいえず，つくられた自然が 100% その機能を発揮するとは限りません．また，安易にミチゲーションに頼るようになると，それを言い訳に，さらに一層の開発が進むのを心配する声もあります．

図 7.10　サンフランシスコ，ベイエリアにおける環境浄化機能の高い干潟（マーシュ）

図 7.11　米国ルイビル市近郊での，河川を自然蛇行に戻す現場

また，**図 7.11** は，米国ケンタッキー州ルイビル市近郊において，河川の流れを自然な蛇行に戻す河川改修の現場です．もともとこの河川は蛇行していましたが，以前の河川改修工事で蛇行をショートカットする直線状の川道へと改修されていました．氾濫原の自然な植生の確保などを意図し，以前のような自然な流下形態へと再度改修されているところです．時代とともに，人間が環境に求めるものも変わっ

てくることがわかります．

7.7 トレード・オフを理解する

以上，7.6 節では，米国における環境配慮の事例を 2 件紹介しました．これらの先進的な事例から，自然環境に対する強い配慮がうかがえます．では，米国は自然環境に十分に配慮した国といえるのでしょうか．ここでは参考に，同じ米国における典型的な住宅地の例を**図 7.12** に示します．一見して，一戸建てで広い庭をもった良好な住宅地が広がっており，生活の質は高いことがうかがえる反面，自動車がなければ生活できないことがわかります．地球環境の観点から見れば，米国は世界の中でももっとも自動車に依存し，大量にエネルギーを消費し，一人あたりの環境負荷が大きい国です．前ページの図 7.10 や図 7.11 のような先進的な環境配慮を行えるのは，このように大きな環境負荷を前提とした，余裕ある生活があってはじめて可能になったものということができます．

図 7.12　オハイオ州シンシナティ郊外

図 7.13　人口密集地帯，香港九龍エリア

一方，**図 7.13** は，世界でももっとも人口密度が高いといわれる香港の九龍エリアの様子です．ここに住む一人あたりの環境負荷量は非常に低いことが知られています．ここでの高層住宅の多くは狭小な部屋から構成されており，中には台所がない住宅もあります．自家用自動車の普及率もきわめて低いです．だからといって，住んでいる人が生活に困るというわけでは必ずしもなく，階下に下りてくれば様々な料理屋台から好きなものを廉価で入手することができます．これは，家に住むというよりまちに住むという感覚でしょうか．確かに，図 7.12 のような水準の高い生活の質はここでは得ることはできないでしょう．しかし，その分だけここに住む

人の一人あたりの環境負荷は低くなっています．このような，どちらかが立てば，もう一方が立たなくなるという関係を「トレード・オフ」といいます．**「生活環境」と「地球環境」は，この意味で，場合によっては相互にトレード・オフの関係に陥る**ことがあるのがわかります．見方を変えれば，香港は「地球環境」を優先することで「生活環境」を犠牲にしているともいえます．

後の章で述べるように，わが国における東京などの大都市は，一人あたりの環境負荷は同等程度の経済水準をもつ他国の都市と比較すると小さくなっています．これは，大都市圏の人口密集度や公共交通利用度の高さに多くを依存しています．通勤の輸送におけるエネルギー効率を考えると，通勤客を満員電車で運べば，自動車通勤や全員が着席できる通勤鉄道などと比較して，一人あたりのエネルギー利用，およびそれに伴って発生する環境負荷は当然低くなります．具体的には，1 人が 1 km 移動する際に発生する交通手段別 CO_2 発生量（グラム数換算）は，鉄道が 17 g/人・km，バスが 57 g/人・km であるのに対し，自動車（商業者除く）は 130 g/人・km も排出していることが知られています[13]．

その代わり，満員の通勤電車の中でつらい通勤を「我慢する」必要が生じます．このように，わが国では隠れた構図として，日常生活で「我慢」することによって環境負荷の増大を抑えているという側面があります．ちなみに，鉄道の混雑状況を示す指標に「混雑率」がありますが，混雑率 100%とは座席がすべて埋まった状況を指すのではありません．つり革や柱までつかまれるところにすべて人が埋まった状況が 100%です（**図 7.14**）．朝のラッシュ時などは，まだ 200%程度の混雑率となる路線もあり，そのような「我慢」によって高い「輸送効率」が都市部では維持

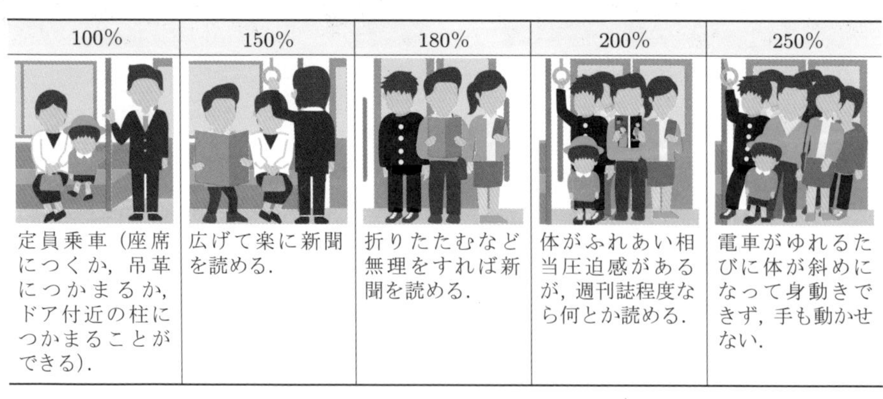

図 7.14　鉄道の混雑率の目安

されています．

ちなみに，本章では持続可能性の概念を，おもに「環境」の視点から論じてきましたが，近年では「経済」や「社会」といった要素も含め，これら三つの要素から議論を行う重要性が指摘されています．これら 3 要素が一定の水準（トリプルボトムライン）を満たさないと，結果的に持続可能性の達成は危ぶまれるという考え方で，**これら 3 要素の間にもトレード・オフの関係がある**ことに注意が必要です．

参考文献

[1] United Nations: Report of the World Commission on Environment and Development, Our Common Future, 1987.
[2] 環境白書，各年次版．
[3] 国際エネルギー機関（IEA）：https://www.iea.org/news, 02 March 2023.
[4] 気候変動に関する政府間パネル（IPCC）：Sixth Assessment Report, 2021.
[5] 国際連合食料農業機関（FAO）：https://www.fao.org/japan/news/detail/en/c/1300626
[6] Penck, A.: Das Hauptproblem der Physischen Anthropogeographie, Zeitschrift für Geopolitik, No. 2, pp. 330-348, 1925.
[7] Clark, C.: Population Growth and Land Use, 2nd. ed., Macmillan, 1977.
[8] Hulett, R.: Optimum World Population, BioScience20, pp. 160-161, 1970.
[9] 谷口守・阿部宏史・足立佳子：地域レベルでの環境容量の試算と環境負荷の要素分解，一石高データを活用した「成長」と「環境」のアンチノミー分析—，土木計画学研究・論文集，No. 19，pp. 255-264，2002.
[10] マティース・ワカナゲル，ウィリアム・リース著，和田喜彦監修・解題，池田真里訳：エコロジカル・フットプリント，合同出版，2004.
[11] WWF: Japan Ecological Footprint Report, 2012.
[12] 氏原岳人・谷口守・松中亮治：エコロジカル・フットプリントを用いた環境負荷の地域間キャップ&トレード制度の提案，—“身の丈にあった国土利用”に向けた新たなフレームワークの構築—，都市計画論文集，No. 43-3，pp. 877-882，2008.
[13] 国土交通省総合政策局環境政策課監修，公益財団法人交通エコロジー・モビリティ財団：2021 年版運輸・交通と環境，2021.
[14] 岡部明子：サステイナブルシティ，学芸出版社，2003.
[15] 林良嗣・土井健司・加藤博和：都市のクオリティ・ストック，鹿島出版会，2009.

都市計画の基本的な制度

本章では，都市計画を構成する基本的な諸制度の全体像と，その重要なポイントを解説します．まず，都市計画の方向性を示すマスタープランについて整理し，都市計画区域や用途地域など，土地利用計画の基本となっている諸制度の仕組みを示します．また，地区計画や市街地開発事業の解説を加えるとともに，規制，誘導，事業の３本柱による都市計画制度の全体構成を概観します．

8.1 基本的な仕組み

都市計画は様々な制度から構成されています．また，その制度も社会のニーズに応じて変化を続けています．制度や仕組みは，基本的にはそれぞれの理由があって定められたもので，よりよい都市計画を実現していくためには，様々な制度をどう活かしていくのかという視点が重要です．一方で，制度や仕組みは一見複雑でわかりにくいものになっているという批判もあります．制度で縛ったり縛られたりというのではなく，必要があればつねに議論を重ねて見直しを行っていく姿勢も求められています．以上のような問題意識のもとで，本章では都市計画制度の全体像を理解するうえで，ポイントとなる事柄を抽出して重点的に解説します．

都市計画では非常に多くの課題を扱うため，関連する制度も多岐に渡ります．ここでは，そのうちもっとも枢要を占める部分について，国の整理に従って**図 8.1** に示します．一つの留意点として，**都市計画は階層的な制度を備えている**ということです．図 8.1 にあるマスタープランは地域や都市の方向性を広く示すものであり，その意味では上位の計画に相当します．一方で，土地利用規制，都市施設，市街地開発事業などは個々の場所に対する計画制度であり，下位の計画に相当するといえます．下位の計画になるほど，地点ごとにそこをどうするかという具体的な内容を含むことになります．諸外国の計画制度もこのような階層構造を取るものが多く，4 章でも述べたとおり，上位計画と下位計画の間には，ある程度自由度をもたせながら**相互にその内容を参照して整合性のあるものとする（対流原則）のが通常**です．

以降では，この図 8.1 の内容に沿って，関連する各制度について解説を加えます．

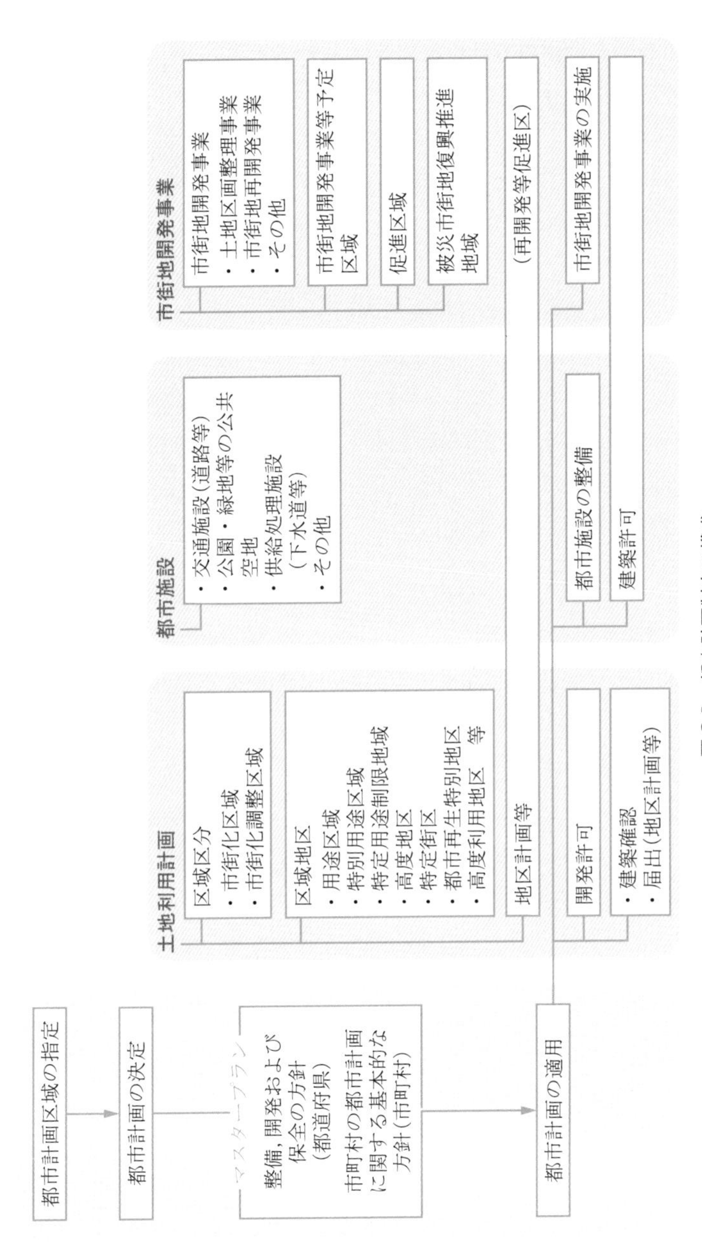

図 8.1 都市計画制度の構成

8.2 マスタープランと都市計画区域

まず，**都市計画の全体の方針を定めるマスタープラン**ですが，都道府県が上位計画として定める「都市計画区域マスタープラン」と，市町村ごとに策定される「市町村マスタープラン」があります．都市計画区域マスタープランは，制度上都市計画の対象とされる「都市計画区域」ごとに定められ，都市計画法上では「都市計画区域の整備，開発及び保全の方針」(略して「整開保」) という名称がつけられています．

ちなみに，都市計画区域は，「市又は人口，就業者数その他の事項が政令で定める要件に該当する町村の中心の市街地を含み，かつ自然的及び社会的条件並びに人口，土地利用，交通量その他国土交通省令で定める事項に関する現況及び推移を勘案して，一体の都市として総合的に整備し，開発し，及び保全する必要がある区域」として定義されています．また，ここで政令が定める要件とは，以下の❶～❺のいずれかに該当することを意味します．

❶ 人口が1万人以上で，かつ商工業などの都市的業態に従事するものが全就業者の50％以上

❷ 発展の動向，人口および産業の将来の見通しから，おおむね10年以内に❶になると認められる

❸ 中心の市街地を形成している区域内の人口が3000人以上

❹ 温泉その他の観光資源があることで多数の人が集まるため，とくに良好な都市環境の形成を図る必要がある

❺ 火災，震災などの災害によって，市街地を形成している区域の相当数の建物が消失した場合に，その市街地の健全な復興を図る必要がある

都市計画区域マスタープランでは，上位計画としての都市計画の目標，区域区分を定める際の方針，さらに，土地利用，都市施設の整備および市街地開発事業に関する方針などが記述されます．一方，**市町村マスタープラン**では，各市町村が自らの特性を踏まえ，一般的に全体構想と地域別構想に分けて検討が行われます．このうち，全体構想では，都市づくりの理念や目標，目指すべき都市像，都市構造や土地利用，施設整備などの方針，自然環境保全や良好な都市環境形成の方向性などが提示されます．また，**地域別構想**では，その市町村を構成するまとまった地域ごとに，各地区内部での施設構成や土地利用構成などの方針が示されます．各市町村は，

都市計画とも広く関係する産業政策や社会福祉，財政改革など，総合的な見地から検討を行った**総合計画**をもっており，マスタープランの内容を吟味するうえで，その記載内容とも整合性を図りながら検討が進められるのが一般的です．

市町村マスタープランとして，倉敷市で策定された例を，そのコンセプト部分を**図 8.2** に，都市構造の考え方の部分を**図 8.3** に示します．このうち図8.2では，ま

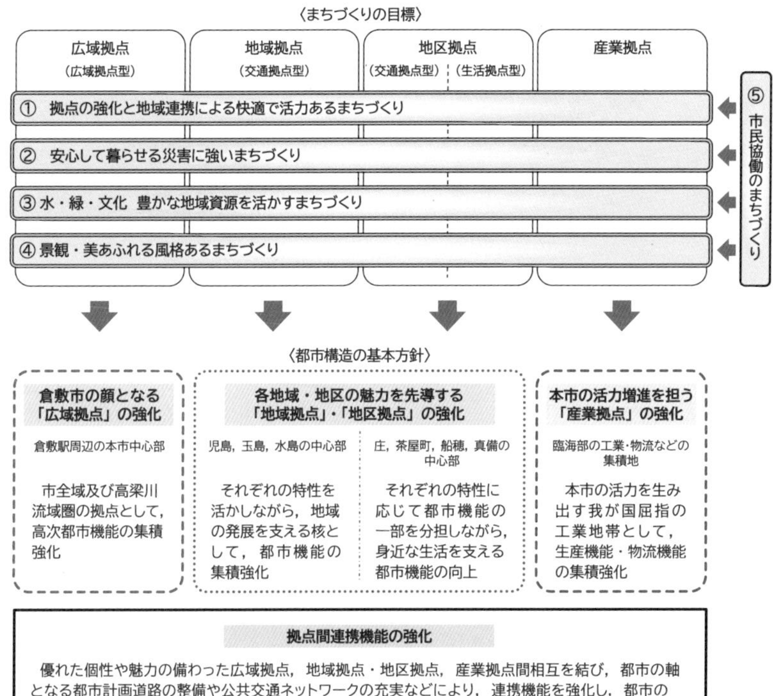

図 8.2　倉敷市のマスタープランにおけるコンセプト部分
［（出典）倉敷市マスタープラン，2021.］

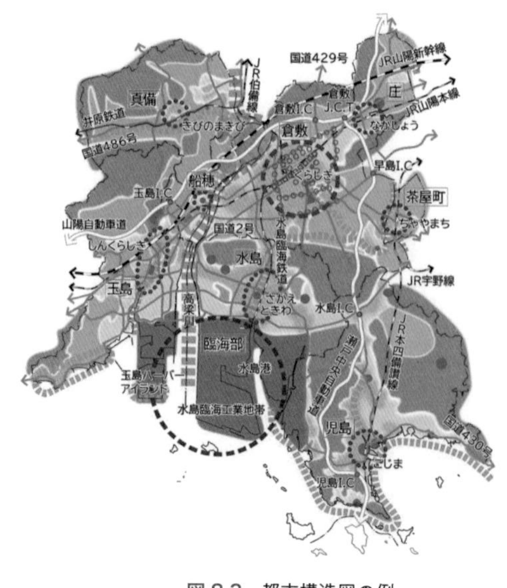

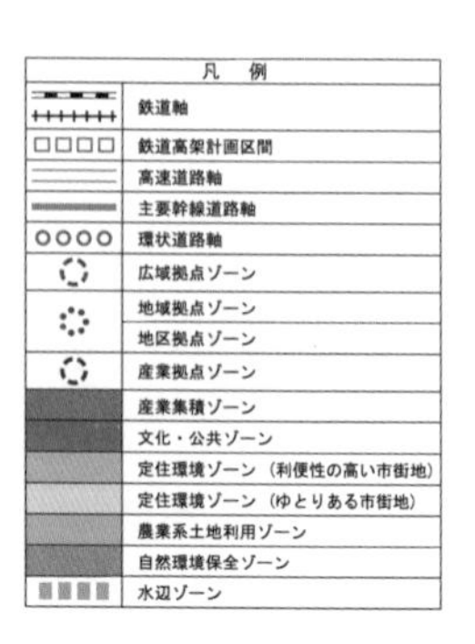

図 8.3　都市構造図の例
[（出典）倉敷市マスタープラン，2021.]

ちづくりにおける五つの目標が掲げられており，特徴の異なる各地区が連携しながら目標達成を目指していく構成が示されています．もともと性格の異なる複数の自治体が合併することで成立している倉敷市では，各地区の個性を活かすことがとくに配慮されており，まちの将来像として「多極ネットワーク型」のコンパクトシティというコンセプトが示されています．図 8.3 においても，それら旧来の中心地に，引き続き今後の拠点としての機能が期待されていることがわかります．

8.3　区域区分と地域地区

2 章で述べたとおり，わが国における都市問題の中で，スプロールはきわめて大きな位置を占めます．この**スプロール問題防止を意図とした都市計画制度**として，先述した都市計画区域の中が，市街化区域と市街化調整区域に，制度上大きく二つの区域に区分されています．このうち，**市街化区域**は，すでに市街地を形成している区域および 10 年以内に優先的かつ計画的に市街化を図るべき区域で，それに対して**市街化調整区域**は，乱開発を防止して市街化を抑制すべき区域になっています．この市街化区域と市街化調整区域の境界を定めることを，一般に「線引き」といいます．実際の空間においても，**図 8.4** のように，市街化区域と市街化調整区域の境

図 8.4　市街化区域と市街化調整区域の明瞭な境界事例
（兵庫県姫路市西部）

界は線で引かれたように明瞭となる場合が少なくありません．なお，都市計画区域の中には線引きを導入していないケースもあり，それらは非線引き都市計画区域とよばれています．

昨今は，人口が減少しはじめたために都市化の圧力が減少したということを理由に，線引き（すなわち区域区分）を廃止しようとしているところも少なくありません．しかし，安易な線引き廃止によって，諸施設の郊外流出やスプロール化にさらに歯止めがかからなくなる傾向が見られるのは，すでに実例から明らかにされています．区域区分の廃止には，いくら慎重であっても慎重すぎるということはないといえます．また，その一方で，大都市部などでは市街化区域内に農地が残ったままになっているところもあります．農業を継続する意思がある場合には，**図 8.5** のようにそこを生産緑地として指定し，土地に対する宅地並み課税を免除される制度があります．

さらに，**土地利用の用途を適切に配分するための仕組み**として地域地区制があり，

図 8.5　市街化区域内の農地（東京都練馬区）

① 第一種低層住居専用地域

低層住宅のための地域です．小規模なお店や事務所をかねた住宅や，小中学校などが建てられます．

② 第二種低層住居専用地域

おもに低層住宅のための地域です．小中学校などのほか，150 m^2 までの一定のお店などが建てられます．

③ 第一種中高層住居専用地域

中高層住宅のための地域です．病院，大学，500 m^2 までの一定のお店などが建てられます．

④ 第二種中高層住居専用地域

おもに中高層住宅のための地域です．病院，大学などのほか，1500 m^2 までの一定のお店や事務所など必要な利便施設が建てられます．

⑤ 第一種住居地域

住居の環境を守るための地域です．3000 m^2 までの店舗，事務所，ホテルなどは建てられます．

⑥ 第二種住居地域

おもに住居の環境を守るための地域です．店舗，事務所，ホテル，カラオケボックスなどは建てられます．

⑦ 準住居地域

道路の沿道において，自動車関連施設などの立地と，これと調和した住居の環境を保護するための地域です．

⑧ 田園住居地域

農業と調和した低層住宅の環境を守るための地域です．住宅に加え，農産物の直売所などが建てられます．

図 8.6　用途地域制度の概要（その 1）

⑨ 近隣商業地域

まわりの住民が日用品の買物などをするための地域です．住宅や店舗のほかに小規模な工場も建てられます．

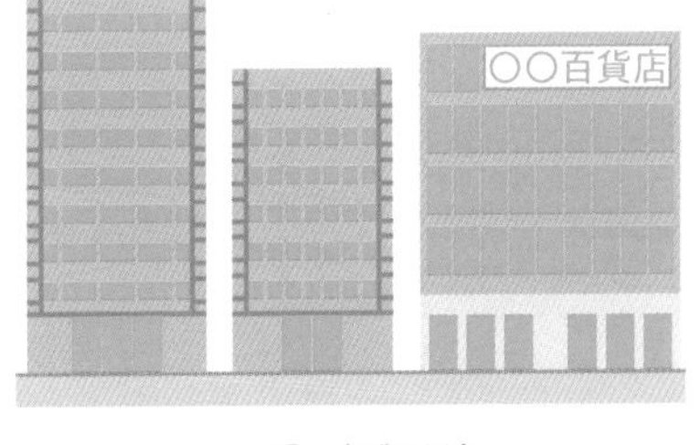

⑩ 商業地域

銀行，映画館，飲食店，百貨店などが集まる地域です．住宅や小規模の工場も建てられます．

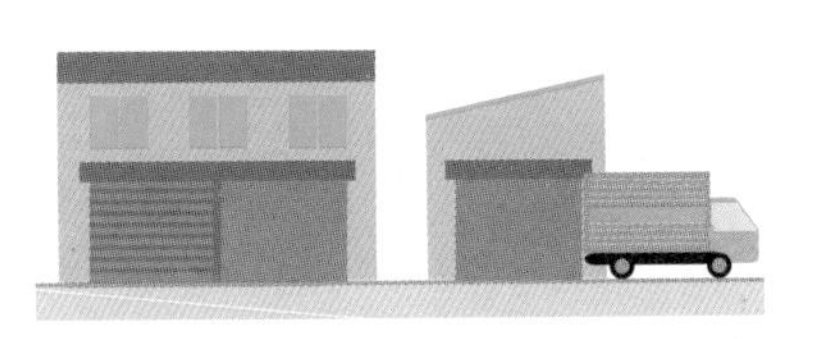

⑪ 準工業地域

おもに軽工業の工場やサービス施設などが立地する地域です．危険性，環境悪化が大きい工場のほかは，ほとんど建てられます．

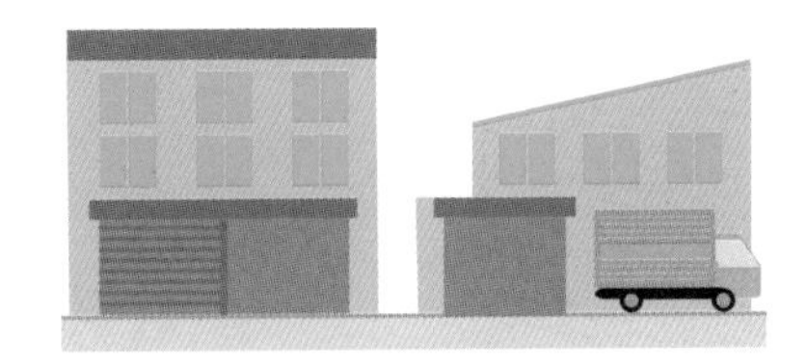

⑫ 工業地域

どんな工場でも建てられる地域です．住宅やお店は建てられますが，学校，病院，ホテルなどは建てられません．

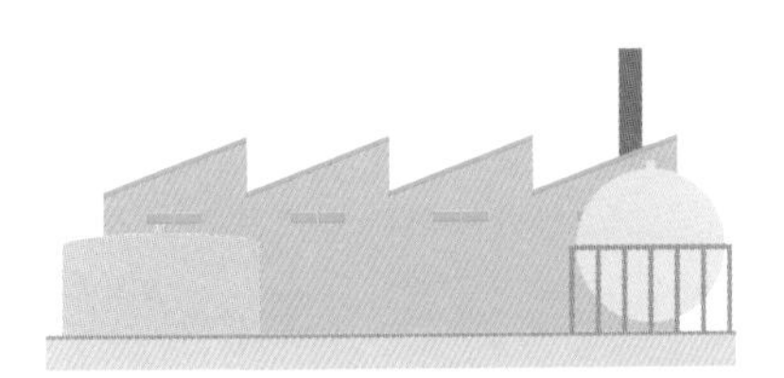

⑬ 工業専用地域

工場のための地域です．どんな工場でも建てられますが，住宅，お店，学校，病院，ホテルなどは建てられません．

図 8.6　用途地域制度の概要（その 2）

その中でももっとも広く適用されている制度が，市街化区域等において指定される**用途地域**です．大きく分ければ住居系，商業系，工業系の3分類ですが，用途地域制度は時代の進展とともにその区分が増え，現在では，**図8.6**に示すように全部で13種の区分があります．住居系用途についてごく大まかな仕組みをいえば，①第一種低層住居専用地域から⑦準住居地域の順に，住居に純化した土地利用から店舗や工業等に混在を認める土地利用へと規制が緩やかになっています．**図8.7**に低層住居専用地域，および**図8.8**に中高層住居専用地域の典型的な景観例を示します．

図8.7　低層住居専用地域の典型的景観

図8.8　中高層住居専用地域の典型的景観

用途地域においては，それぞれの場所で立地が認められる用途，認められない用途が定められています．その内容をごく簡潔にまとめたものが**表8.1**です．この一覧から明らかなように，低層住居専用地域に配置できる用途はきわめて限られていることがわかります．一方で，商業地域や準工業地域では，危険な工場などの立地が制限されている以外は規制が弱いことが読み取れます．また，工業地域や工業専用地域では，学校や病院，ホテルなどの立地ができないことになっています．なお，「田園住居地域」は2018年4月に追加された最も新しい区分で，都市農地があるエリアにおいて田園と市街地の共存を図る目的で導入されました．開発時の許可の仕組みの付加や，農業用施設の建築が可能となっています．

8.4　地区計画

一方，このような個別の土地利用規制だけでは，地区内の公共施設や建築物を適切に整備し，良好な都市環境を実現していくうえで十分な対応が難しいことも少なくありません．このような問題意識を背景に，現在では**地区計画**という制度が導入

表 8.1　各用途地域における建築物のおもな制限

用途制限		①第一種低層住居専用地域	②第二種低層住居専用地域	③第一種中高層住居専用地域	④第二種中高層住居専用地域	⑤第一種住居地域	⑥第二種住居地域	⑦準住居地域	⑧田園住居地域	⑨近隣商業地域	⑩商業地域	⑪準工業地域	⑫工業地域	⑬工業専用地域	用途地域の指定のない区域
住宅，共同住宅，寄宿舎，下宿，兼用住宅で，非住宅部分の床面積が 50 m^2 以下かつ建築物の延べ面積の 2 分の 1 未満のもの														■	
公共施設など	幼稚園，小・中・高等学校												■	■	
	病院，大学，高等専門学校など	■	■						■				■	■	
	神社，公衆浴場，診療所など														
店舗など	床面積が 150 m^2 以下のもの	■	○	○	○				○					●	
	床面積が 150 m^2 を超え，500 m^2 以下のもの	■	■	○	○				□					●	
	床面積が 500 m^2 を超え，1500 m^2 以下のもの	■	■	■	○				■					●	
	床面積が 1500 m^2 を超え，3000 m^2 以下のもの	■	■	■	■				■					●	
	床面積が 3000 m^2 を超え，10000 m^2 以下のもの	■	■	■	■	■			■					●	
	床面積が 10000 m^2 を超えるもの	■	■	■	■	■	■	■	■				■	■	■
事務所など	床面積が 1500 m^2 以下のもの	■	■	■	▲				■						
	床面積が 1500 m^2 を超え，3000 m^2 以下のもの	■	■	■	■				■						
	床面積が 3000 m^2 を超えるもの	■	■	■	■	■			■						
ホテル，旅館		■	■	■	■	▲			■				■	■	
遊戯施設・風俗施設	ボーリング場，水泳場，ゴルフ練習場など	■	■	■	■	▲			■					■	
	カラオケボックスなど	■	■	■	■	■	▲	▲	■				▲	▲	▲
	麻雀屋，パチンコ屋，勝馬投票券発売所など	■	■	■	■	■	▲	▲	■				▲	■	▲
	劇場，映画館，演芸場，ナイトクラブなど	■	■	■	■	■	■	▲	■				■	■	▲
	キャバレー，料理店，個室付浴場など	■	■	■	■	■	■	■	■	■		●	■	■	
工場・倉庫など	倉庫業倉庫	■	■	■	■	■	■		■						
	自家用倉庫	■	■	■	▲	▲			□						
	危険性や環境悪化のおそれが非常に少ない工場	■	■	■	■	▲	▲	▲	□	▲	▲				
	危険性や環境悪化のおそれが少ない工場	■	■	■	■	■	■	■	■	▲	▲				
	危険性や環境悪化のおそれがやや多い工場	■	■	■	■	■	■	■	■	■	■				
	危険性が大きいか著しく環境悪化のおそれが多い工場	■	■	■	■	■	■	■	■	■	■	■			
	自動車修理工場	■	■	■	■	▲	▲	▲	■	▲	▲				

凡例：■ 建てられないもの　○ 階数や用途の制限あり　● 物品販売店舗，飲食店は除く　▲ 階数や床面積の制限あり　□ 一定の条件を満たす農業関連施設のみ可

されています．地区計画の定義は，「建築物の建築形態，公共施設その他の施設の配置等からみて，一体としてそれぞれの区域の特性にふさわしい態様を備えた良好な環境の各街区を整備し，開発し，及び保全するための計画」とされています．公園などの**公共施設や建築物を，地区住民の意向も配慮した計画に沿って地区に整えていこう**とするものです．1980年に地区計画制度が導入された当初は，建築制限の上乗せなど規制を強化する側面が強く，住民の合意が得にくいこともあり，用途地域による制限を緩和する観点で制度の見直しが実施されてきたのが実情です[1]．**図8.9**に，地区計画で定められるまちづくりの一般的なルールを例示します．

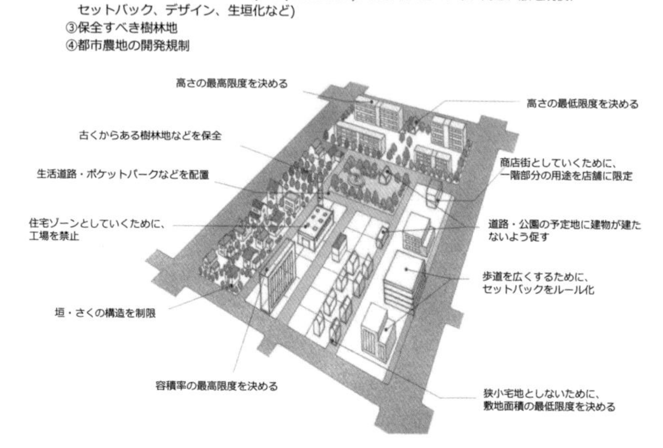

図8.9　地区計画で定められるまちづくりのルール
［(出典) 国土交通省：土地利用計画制度の概要］

また，地区計画の実例として，**図8.10〜8.12**に，つくば市の葛城（かつらぎ）地区で実施されている地区計画の概要を示します．葛城地区では地区計画の方針として，①土地利用の方針，②地区施設の整備方針，③建築物等の整備方針，④その他の方針が定められています．このうち，①土地利用の方針については，周辺田園環境との調和を考慮し，地区の立地特性に応じた図8.10中の区分に従って，さらにきめ細かい土地利用の誘導方針が提示されています．②地区施設の整備方針については，後述するような土地区画整理事業により整備される都市計画道路，区画道路，歩行者専用道路，公園，緑地などの機能が発揮できるよう配慮がなされることとしています．③建築物等の整備方針については，建築物に対して用途や建物高さ，壁面位置をはじめとする様々なルールを定め，美観や風致を損なわないものとすることが示

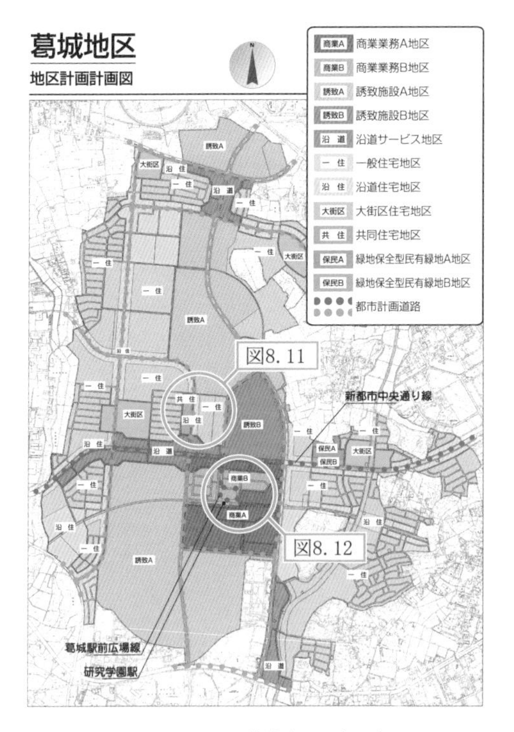

図 8.10 つくば葛城地区の地区計画
[(出典) つくば市資料]

図 8.11 地区計画の方針に従って整備が進む葛城地区の状況

図 8.12 駅前に高層建築物が集められ周囲に戸建て住宅が広がる

されています．最後に④その他の方針については，緑化の促進，屋外設備機器や駐車場の配置に際しての植栽などによる修景を図ることとされています．

8.5 市街地開発事業

土地利用の規制や地区計画などによる誘導を通じ，都市づくりを進めるには長い時間がかかります．とくに，必要な都市基盤の確実な提供が望まれる場合などには，より直接的に事業として取り組むことが期待される場合もあります．それらの諸手法は市街地開発事業として総称されており，土地区画整理事業，市街地再開発事業，新住宅市街地開発事業などいくつかの事業手法が活用されています．ここでは，それらの中から代表的事例として土地区画整理事業を取り上げ，その事業の理念と仕組みを整理しておきます．なお，市街地再開発事業については，以降の章で都市の再構築という範疇の中で，改めて解説を行います．

土地区画整理事業は，コストを抑えながら都市の基盤を整備し，効率的な土地利用を促進する手法で，「都市計画の母」ともよばれています．その原点は明治時代の耕地整理にありますが，現在までに全国でおよそ 40 万 ha が取り組まれてきたという実績があります．具体的には，それぞれの土地を交換分合することで整形化し，公共施設の整備や事業費をまかなうために，関係者が一定割合で土地を拠出しあう（これを減歩といいます）面的な事業です．その一般的な概念は**図 8.13** に示すとおりです．減歩によって各地権者のもつ土地は事業実施前よりも狭くなってしまいますが，事業を通じて地区に道路や公園などの都市基盤が整うことで，それ以上に土地の資産価値が上昇することが期待されます．

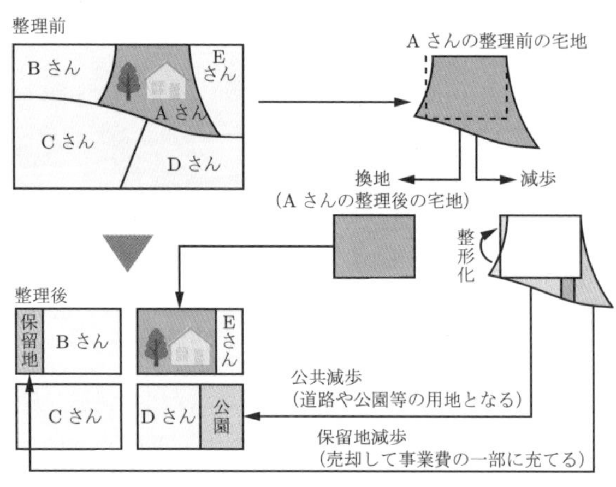

図 8.13　土地区画整理事業の解説
［（出典）国土交通省：区画整理事業］

土地区画整理事業の事業主体は，都道府県や市町村などの公的な主体のほか，個人や土地区画整理組合も事業主となることができます．土地区画整理組合は，宅地について所有権または借地権をもつ者が7人以上集まり，定款と事業計画を定めて都道府県知事の認可を受けることで設立できます．都市化が進む前に，先に土地区画整理事業による基盤整備を行っておくことで，都市化をスムーズに受け入れられるようになります．また，従前からの権利者も原則としてその場所に留まることになるため，従前権利者の意向も配慮した形での事業推進が期待されます．さらに，土地区画整理事業は，地区計画等のほかの事業と同時施行できるのもその特徴の一つで，先に図8.10で示した葛城地区の例では，土地区画整理事業と並行して地区計画の適用が行われています．一方で，区画整理実施後のまちなみは，一般的に図8.14に示すように碁盤の目の形状になることが多く，整形化が進むという反面，個性に欠けるまちなみを生みやすいという批判もあります．

図8.14　土地区画整理事業で整備された地区（岡山市）

図8.15　東京スカイツリー周辺の整備

土地区画整理事業は，われわれの周辺の様々な場所で実施されており，あまりに身近で気づかないことも少なくありません．たとえば，図8.15の東京スカイツリーが整備された街区についても，じつは土地区画整理事業が適用されています（押上・業平橋周辺土地区画整理事業）．地元の関係者が土地区画整理事業を実施するための組合を設立し，図8.16に示すプランについて合意し，図8.17に示す新たな広場や道路などの施設整備を併せて可能にしています．

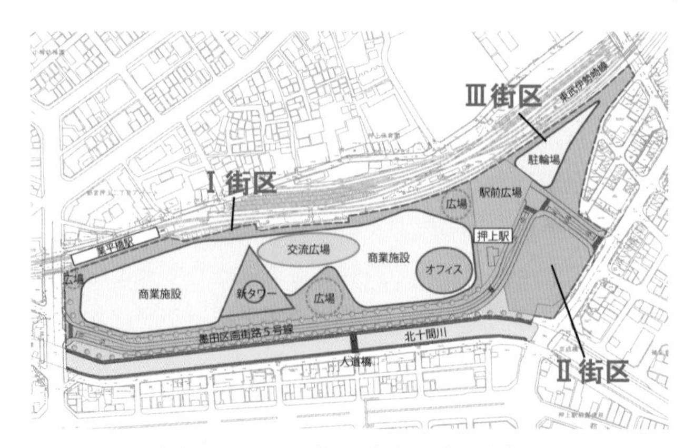

図 8.16　東京スカイツリー地区の土地区画整理事業における計画
［(出典）独立行政法人都市再生機構資料］

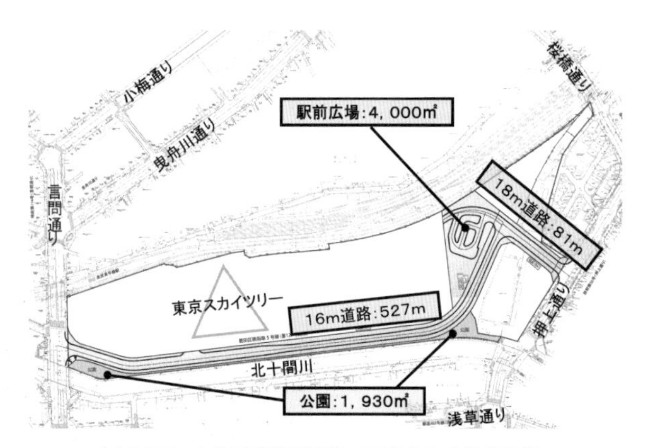

図 8.17　土地区画整理事業で創出される公共施設
［(出典）独立行政法人都市再生機構資料］

8.6　容積率と斜線制限

8.3 節では土地利用の用途規制について述べましたが，その用途制限さえ満たしていれば，どのような大きさの建物を建ててもよいというわけではありません．周辺への影響などに対して配慮する必要があるため，建ぺい率，容積率，斜線制限といった**建築物の大きさや形を一定範囲に収めるための様々なルール**がすでに考案されています．まず，**図 8.18** に容積率と建ぺい率の考え方について示します．防災上や環境上の理由から，個別の住宅などの建物が隙間もなく密集している状況は好ましいとはいえません．このため，その敷地面積の中でどれだけを建物面積とする

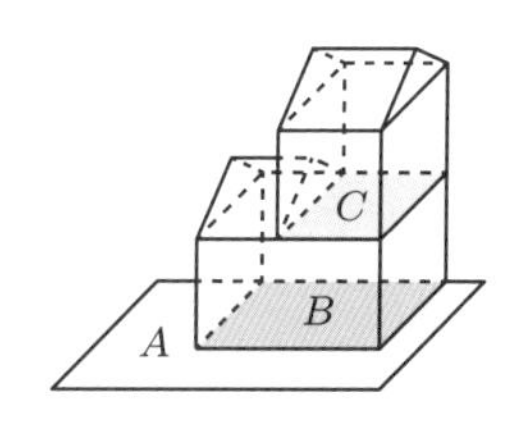

$$建ぺい率\,[\%] = \frac{建築面積}{敷地面積} \times 100 = \frac{B}{A} \times 100$$

$$容積率\,[\%] = \frac{延床面積}{敷地面積} \times 100 = \frac{B+C}{A} \times 100$$

図 8.18　容積率と建ぺい率の考え方

図 8.19　道路斜線制限によって上部が斜めに削られたビル群（東京都）

か（建ぺい率），またどれだけを延床面積とするか（容積率）が定められています．土地利用の用途に応じて適した建物の大きさも異なってくるため，ビルなどを前提とする商業・業務系の用途地域において，これらの値は高くなる傾向にあります．また，都心では指定された容積率よりもさらにビルの容量を大きくしたいというニーズは高く，6 章で紹介したように敷地の周囲を公開空地として外部提供し，その見返りに容積率の割り増しを受けるといった制度も活用されています．

また，中層以上の建築物が建つことで，採光や通風に悪影響が及ぶのを防ぐため，道路斜線制限という制度があります．これは，そこでの用途地域や容積率に応じ，どこまで建築物として空間が利用できるかを定めるものです．場所によっては，図 8.19 のように，普通のまちなかでも斜線制限の影響が顕著にわかるところもあります．住居専用地域では，北側の建築物の採光などを確保するため，北側斜線制限という同様の制度も設けられています．

なお，本章で解説することができたのは多岐に渡る諸制度のごく一部です．とくに，近年の規制緩和の流れの中で，単に都市計画の制度から緩めるというだけの対応策は，病身にカンフル剤を打ち続けているというのと同じ意味であることに注意が必要です．これら規制，誘導，事業のそれぞれの特徴がよく理解されることで，今後のまちづくりの一層の改善が期待されます．

参考文献

［1］　樗木武：都市計画（第 3 版），森北出版，2012.
［2］　萩島哲編著：都市計画，シリーズ〈建築工学〉7，朝倉書店，2010.
［3］　蔵敷明秀：入門都市計画，大成出版会，2012.

[4] 脇田祥尚：みんなの都市計画，理工図書，2009.
[5] 川上光彦：都市計画（第4版），森北出版，2021.
[6] 加藤晃・竹内伝史：新・都市計画概論（改訂2版），共立出版，2006.
[7] 日端康雄：ミクロの都市計画と土地利用，学芸出版社，1988.
[8] 饗庭伸・鈴木伸治編者：初めて学ぶ都市計画（第2版），市ヶ谷出版，2018.
[9] 都市計画教育研究会編：都市計画教科書（第3版），彰国社，2001.
[10] 青山吉隆編：図説都市地域計画（第2版），2001.
[11] 高見沢実：初学者のための都市工学入門，鹿島出版会，2001.
[12] 日笠端・日端康雄：都市計画（第3版増補版），共立出版，2015.
[13] 磯部友彦・松山明・服部敦・岡本肇：都市計画総論，2014.
[14] 中島直人・村山顕人・髙見淳史・樋野公宏・寺田徹・廣井悠・瀬田史彦：都市計画学，—変化に対応するプランニング—，学芸出版社，2018.
[15] 森田哲夫・森本章倫編著：図説わかる都市計画，学芸出版社，2021.
[16] 澤木昌典・嘉名光市編著：図説都市計画，学芸出版社，2022.

都市の再構築

本章では，都市の機能更新のために必要不可欠な都市の再構築の方法と実態について解説します．とくに，公共と民間の発想の違いに重点を置き，時代の流れとともに都市再構築を取り巻く状況がどのように変化してきたかを浮き彫りにします．また，人口減少時代に向けて，都市のボリュームを低減させる都市再構築についても具体例を提示します．さらに，大規模な都市の再構築が望めない地方都市にとって，どのような戦略がありえるかについて言及します．

9.1 都市再構築のポイント

都市も人間と同じで，年をとります．都市を形として構成している建物や社会基盤も，それぞれ個別の物として見れば寿命があります．いずれについても，よい材料を使ったり，上手に維持管理していくことで，長もちさせたりそれぞれの持ち味を出していくことは必要です．都市は人間がつくりあげたものですから，単に放置していると，建物はやがて朽ち，道路は雑草に再び覆われ，都市としての寿命も尽きることになります．しかし，適切なタイミングで手を入れていくことで，都市は何度でもよみがえります．また，都市はつねに社会の流れの厳しい変化の中にあります．このため，**社会のニーズを読みながら，時代遅れにならないように自らその再構築を心がけていく**ということが，その若さを保つうえでの秘訣です．

ただ，必要な時に必要な場所で，必要なだけの再構築を行うのは容易ではありません．再構築には当然ながらかなりのコストを要する場合がほとんどです．このため，収益性が高く，そのコストをまかないやすい場所では潜在的に再構築を進めやすいといえます．この点で，集客力の高い大都市都心部など，事業採算性の高いところでの再構築が進みやすいのです．一方で，再構築を行うには，そこにおける居住者を含め，関係者間での合意が形成されることが必須です．とくに，再構築が必要な場所は，往々にしてすでに多くの人が住んでいたり，多くの商店があったりで，権利関係が輻輳（ふくそう）していることも少なくありません．これら権利者に対する権利の保護という観点についても，再構築実施で配慮が必要になります．合意形成に長い時間がかかる場合は，それ自体がコストとして反映されるという点に注意が必要です．

民間企業が再構築に関与する場合，これらのコストよりも再構築した空間からあがる収入を大きくし，利益をあげることが当然期待されます．コストを十分に下げることが難しい場合，収入を大きくするために，もうかる場所で新たに創出する床面積を大きくするという安易な発想に流れがちです．近年の東京などの大都市で見られる都市再構築の多くは，規制緩和を促進し，以前よりも高層のタワー型ビルを建設できるようにし，まさにこのようなメカニズムの上に成立しているというものが少なくありません．

一方で，そのような事業採算性は期待できない場所でも，都市の老化は進んでいきます．そして，都市の中でそのような場所の面積は少なくありません．そのまま放置すればいずれ負の遺産となり，維持管理コストも高まり周辺にも悪影響を及ぼすため，誰かが手を打つ必要があります．民間が手を出さないものについては，公共事業としての実施を考える必要がありますが，そのような再構築のための予算は，一般的に十分に準備されておらず，今後の検討が必要な領域であるといえます．

以下では，まず，公共と民間という視点から，予算確保が難しい状況の中で実施される市街地再開発事業と，民間による独自の都市再構築事例について整理を行うとともに，それらの特徴の把握を行います．

9.2 市街地再開発事業

本来であれば土地の高度利用を行うことがふさわしい地区において，低層家屋などが密集し，道路やオープンスペースが不足している場合があります．市街地再開発事業は，これら諸問題の同時解消を目的におもに適用されてきました．この事業がその論拠とする都市再開発法は，1969 年に制定されています．とくに，地方公共団体が公共施設整備，防災性向上といった観点から施行主体となる場合が多いですが，個人，組合，公団公社も施行主体となることができます．市街地再開発事業には第一種（権利変換方式）と第二種（用地買収方式）がありますが，ここでは，この事業の特徴をよく表している権利変換方式について説明します．

権利変換方式とは，事業実施場所における関係権利者（土地所有者，借地借家人等）の権利を保全するため，**従前におけるこれらの権利を再開発建築物の区分所有権に変換する方法**です．具体的には，**図 9.1** に示すように，高度利用を通じて床面積を増加させ，それによって生じたスペースを活用して，道路やオープンスペースなどの新たな公共施設を生み出します．また，建物の高度利用を進める中で，A，B，C さんがそれぞれで区分所有する権利床のほかに，保留床とよばれる新たな床

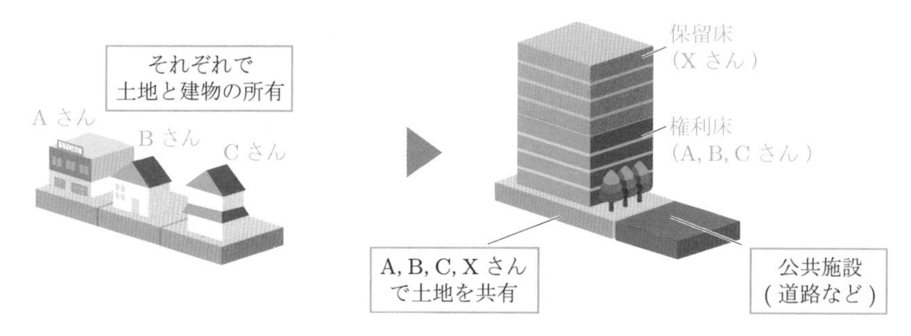

図 9.1　都市再開発制度の解説

を一定面積以上組み入れ，ここを分譲することを通じて事業全体で必要な工事費や補償金の多くをまかないます．

以下では，都市再構築のいくつかの事例を例示しますが，このような権利調整はいずれも時間を要する場合が少なくありません．そのため，一定の成果や状況を見るうえで，最新事例よりも少し過去に実施された事例を見る方がわかりやすいといえます．以上のような理由から，市街地再開発事業をはじめ，多様な都市再構築が狭い範囲内で過去から実施されてきた，**図 9.2** に示す JR 大阪駅周辺をおもに取り上げて話を進めます．

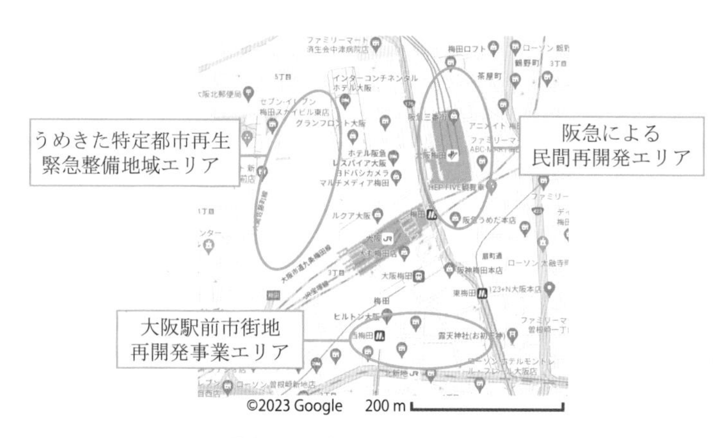

図 9.2　JR 大阪駅周辺地区の概要

JR 大阪駅のすぐ南側の街区は，大阪で地価が一番高いエリアでしたが，**図 9.3** のように，戦後木造密集市街地が広がり，日本第 2 の都市圏の中心駅駅前として，抜本的な再構築の必要性が議論されていました．この結果，大阪市都市開発局による大阪駅前市街地再開発事業（前身は市街地改造事業）が実施されました．具体的

図 9.3　大阪駅前市街地再開発事業対象地区，従前状況
[(出典) 大阪駅前第一ビル振興会 20 周年記念誌]

図 9.4　大阪駅前再開発ビル群

には，権利変換方式を通じて従前の建物を整理し，区画道路を整備するとともに，高度利用と不燃化が図られ，4 棟の再開発ビルが 1970 年から 81 年にかけて完成することになりました．その外観は**図 9.4** に示すとおりです[1]．

権利変換方式によって，関係権利者の権利確保が配慮されたわけですが，そのために完成後のビルには大きな課題が残りました．それは，再構築におけるコンセプトの欠如です．たとえば，**図 9.5** は従前にこの場所で営業していた商店が，そのままビルの 1 階に入居した様子です．そのほかにも，従前にこの場所で立地していた銭湯や，神社までもが権利変換手法を通じて，この新しいビルの中に新しい床を得ました．それらは当然の権利なのですが，その結果，駅前商業施設の店舗コンテンツとしてはまったく統一感のない戦略性を欠くものとなりました．このため，商業ビルとしては立地が恵まれている割に魅力度の低いものとなり，当初は集客力が十分に確保できませんでした．とくに，なるべく多くの家賃収入が得られるよう，現

図 9.5　従前からの商店が再開発ビルの中に
(1980 年代後半)

図 9.6　大阪駅前再開発ビルの内部
(1980 年代後半)

在の基準から考えると共有スペースを狭く，商業床に広い面積を割り当てた結果，**図9.6**のような単調な空間構成となり，結果的にビル内部でのシャッター街化が進みました．せっかく新しい床を建物内に確保しても，**そこでの商業環境が確保できるかどうかは，別に戦略をきちんと立てる必要があること**がわかります．なお，現在では，新しい地下街や鉄道駅が隣接して整備されたため，この状況は少し緩和されていますが，基本的な空間構造は一度再構築を行ってしまうと簡単には変更できないこともよく理解しておく必要があります．

9.3 民間による再開発

一方，民間企業による都市再構築は，利潤をあげることが民間企業のそもそもの目的であるため，少なくともペイする見込みがなければ実行に移されません．この点で，地方自治体など公的主体が実施する都市再構築とは性格が異なります．とくに，魅力度の高い集客力のある都市再構築を進めるインセンティブを民間は備えているといえます．しかし，その一方で，上述した市街地再開発事業では担保されていた，関係権利者が引き続き住むことができる仕組みの提供を前提とするものではありません．

ここでは，先ほどと同じJR大阪駅周辺地区で，駅の東側一帯（図9.2参照）で高度経済成長期以降，積極的な都市再構築を行っている民間会社，阪急電鉄株式会社（以下，「阪急」）を取り上げ，比較検討を行います．阪急は，創業者の小林一三の時代より，沿線開発と旅客輸送をリンクして沿線戦略を立ててきた企業です[2]．さらに，高度経済成長期の急激な旅客輸送増加に伴い，大阪の都心ターミナル駅でJR大阪駅に近接する梅田駅の移転と大規模拡張を行っています．その際発生するスペースなどを順次活用することにより，商業施設やオフィススペースを生みだす開発を続け，周囲へと再構築の現場を広げてきました．

ここで採用された考え方は，先述した市街地再開発事業とは大きく異なるものでした．たとえば，先の再開発事業では，全床面積の中で賃貸や分譲できる業務床が占める割合がなるべく高くなるよう意図されていたのに対し，阪急の商業開発では，地下街に人工の小川を設けるなど，**意図的にオープンスペースを設け，人の集まる魅力度の高い空間づくり**を念頭に置いています．また，**図9.7**のような高級感を出す店舗を新たに集積させるなど，**各商業施設のコンセプトを明確に提示**しています．

阪急の場合は，梅田駅から周辺へとその再構築の範囲を広げていくにつれ，**図**

図 9.7　コンセプトを統一した新たな商業施設開発
（阪急 17 番街，1980 年代後半）

図 9.8　開発直前の大阪市北区茶屋町付近
（1980 年代後半）

9.8 に示すような，いわゆる戸建て住宅地も開発対象地に含まれるようになりました．このエリアに住んでいた人たちは，基本的には，一定の補償を得てほかに居を移したと思われます．後で商業開発を通じて利潤をあげることを前提に，資金を投入して不動産を購入していくという民間企業がとる都市再構築の一般的な手法といえます．

なお，実際に利潤があがるかどうかは，当然のことながら社会の動向によっても大きく影響を受けます．また，不動産入手の交渉が長引いて再構築事業全体が足止めになった場合は，そのことが理由で損失も発生するため，まさに Time is money（時は金なり）といえます．これら 1980 年代後半に取り組まれた再構築事業は，バブル崩壊の影響を受けて，結果的に損失を出すことになった事業も少なくありません．また，再構築の対象から外れた地点でも，20 年ほどの間に再構築された商業施設の影響を受け，建物はそのままでも**図 9.9** のように通常の住宅から商業用途へ

図 9.9　開発後の茶屋町付近（左は新規開発ビル，
右は旧来の建物，2013 年 11 月）

と変化した事例なども見られます．都市再構築を行うと，このようにその周囲に滲(にじ)み出しの影響が発生することもよくあることといえます．

9.4 都市再生特別措置法と都市の再構築

JR大阪駅周辺の象徴的な事例を追ってきましたが，2013年には，JR大阪駅北側の広大な面積を占めていた梅田北貨物ヤードの跡地（通称「うめきた」）の東半分が，グランフロント大阪として大きく再構築され，オープンしました（図9.2参照）．これは，2002年に制度化された**都市再生特別措置法**に基づく整備です．都市再生特別措置法では，わが国の都市が近年における急速な情報化，国際化，少子高齢化等の社会経済情勢の変化に十分対応できていないことを理由に，とくに指定されたエリアに対し，**民間都市再生事業計画の認定および都市計画の特例，交付金の交付などを行う**ものです．2011年には，さらに法改正がなされて，特定都市再生緊急整備地域として認定されるに至りました．コンセプトとして，新たな産業分野や先端的なナレッジ（人材，技術，情報，知的財産）を集結させ，次世代の産業を生み出す知的創造拠点（ナレッジ・キャピタル）を施設の核としています．また，それと同時に，250以上にのぼる店舗，ホテル，マンションなどを完備し，JR大阪駅周辺の人の流れを変えてしまうインパクトがありました．このケースでは，開発事業者として12社が共同であたっています．それは，収益をシェアするということに加え，リスクを分散しようとする姿勢でもあります．

図9.10に梅田北ヤードがまだ残っている都市再構築前の状況の写真，図9.11にはグランフロント大阪が開業した後の写真を同じアングルから示します．ちなみ

図9.10　JR大阪駅と梅田北貨物ヤード（2004年6月，グランフロント大阪開発前）

図9.11　改装されたJR大阪駅とグランフロント大阪（ナレッジキャピタル）（2022年6月）

に，この間にJR大阪駅も改修を終えており，駅の上部空間に大屋根ができています．大規模な都市再構築を行ううえで，このような鉄道貨物ヤード跡地などの都市内に残った交通施設跡地が活用される例は少なくありません．たとえば，さいたま新都心（1984年に機能停止した国鉄大宮操車場跡地，2000年にまち開き），汐留シオサイト（1986年に国鉄汐留貨物駅廃止，2002年区画整理終了），造船所やヤード跡地を活用した，よこはまみなとみらい21地区などが挙げられます．それぞれ各都市の再構築において大きな役割を果たしています．

なお，都市再生特別措置法を通じた，従来定められていた都市計画に対する規制緩和措置に対しては賛否両論があります．容積などの緩和に伴い，それだけの活動量を集中させることになるため，それを支えられるだけの社会基盤も当然必要となります．また，後述するように特定の拠点のみの成長を促進する可能性が高いため，その結果ほかの拠点がマイナスの影響を受けるということも否めません．

都市再生特別地区をどう定め，どう運用するかということは，基本的に地域にゆだねられています．その判断についてはあいまいな部分も多く，種々の判断について，必ずしも十分な根拠があるわけではありません[3]．また，公民連携ということで，開発者側と地方公共団体の間での話し合いで定められることも少なくありません．その中で，開発者側が一定の地域貢献を行い，また，その内容に応じて運用内容に影響が及ぶこともあります．グランフロント大阪の場合は，たとえば**図9.12**のような公共道路空間の一部は，そのサイン計画導入や空間の維持管理負担を，開発者側がもつことになっています．

以上では，都市の再構築を，JR大阪駅周辺の諸事例で時代の流れを追いながら解説しました．なお，近年の全国における状況を見るにつけ，**図9.13**のあべのハ

図9.12　グランフロント大阪，開発者の公共貢献部分
（2013年12月）

図 9.13　あべのハルカス（大阪）

図 9.14　渋谷ヒカリエおよび渋谷スクランブルスクエア（東京）

図 9.15　名古屋駅周辺地区

ルカス（2014 年 3 月オープン）や**図 9.14** の渋谷ヒカリエ（2012 年 4 月オープン）および渋谷スクランブルスクエア（2019 年 11 月オープン），また**図 9.15** の名古屋駅周辺のように大都市拠点では，大規模な都市再構築が進行する傾向があります．近年喧伝されている民間活力の活用が可能になるためには，参画する民間にとって十分な利益確保が前提となり，そのために規制緩和を通じてより大規模な再構築に頼らざるを得ない構造になっているようです．このような**大都市でしか成立しない都市再構築が，都市間の格差を大きくしている可能性は否めません**．一部だけを利潤が見込めるからといって大規模開発し，ほかは利潤が見込めないからといって放置しておくと，将来，全体としては結果的にかえって大きな負担となってしまいます．このような市街地の再構築問題をどうすべきかということは，真剣に考える必要があります.

9.5 地方都市で考える

大都市での事例紹介を重ねてきましたが，地方都市では，都市を時代にあった形で再構築していくことは不可能なのでしょうか．都市を再構築しようにも，東京や大阪で実施されているような，商業施設の大規模建て替えのまねはできそうにない，という地方都市がじつはほとんどです．大都市に比べ，地方都市の方が人口が少ないことから集客力が弱く，このため採算性などの面を考えると，何をするにしても苦戦を強いられます．しかし，**熱意と工夫のある多くの地方都市では，多くの障害を乗り越え，活力の低下したまちの魅力を取り戻しています．**

たとえば，**図 9.16** の高松市（香川県）では，以前よりアーケードのついたまちなかの商店街が複数の百貨店などとリンクして，商業・業務集積地としてその量，質ともに充実していました．その活力を逃さぬよう，地域での収益を次に活かす形で，図 9.16 に示すような屋根空間の再整備，沿道空間の景観配慮といった再構築が順次進められています．また，富山市では，まちなかに人をよび戻すことを明確なコンセプトとし，ライトレール（LRT）のターミナルとリンクして，**図 9.17** に示す魅力度の高い広場が都心に再構築され，集客のポイントになっています．

なお，高松市や富山市は地方都市といっても県庁所在地であり，それなりの中心性や人口規模を備えています．もっと規模の小さな市町村でも都市の再構築は可能なのでしょうか．小さな町でまちなかをリニューアルしていくのが簡単ではないこ

図 9.16　改良が進む中心市街地（高松市）

図 9.17　グランドプラザ（富山市）

とは事実ですが，身の丈に応じてできることを工夫して，成功を収めている都市や町は数多くあります．たとえば，福岡県直方市の中心市街地では，地域の人口減少に伴って多くの店舗が閉店してしまいました．しかし，地域の高齢化した人口構成に配慮した商品を扱うように工夫を重ねた複数の商店は，地域の需要に支えられています（**図 9.18**）．また，岐阜県恵那市にある明智地区では，**図 9.19** に示すようにローカル鉄道の駅前を地域再生の拠点とし，地域住民や観光客が楽しく集える質の高い空間づくり[4]を行っており，笑い声が絶えません．これらの例から，大都市ではないからといって，あきらめる理由は何一つないことがわかります．

図 9.18　直方市で高齢者をターゲットとした品ぞろえをした商店

図 9.19　恵那市明智駅前の再整備

一方で，都市再構築の失敗例も，挙げようと思えば簡単に周囲に見つけることが可能です．これら成功例とよばれるものと，失敗例の差を分けたものはいったいなんだったのでしょうか．それは，成功例ではそれぞれに**まちをよくするという明確な意思をもったプランナーか，もしくはプランナーの資質をもった個人や組織が機能し**，周囲がそれに協力しているということです．この場合，プランナーは明確な意思を表示する市長であったり，優れた建築家であったり，商店主であったり，また社会参加をデザインできる土木技師であったりします．そこでは，都市空間をよりよくするために，つねに都市空間に手を入れるという努力が繰り返されています．勇気と決断をもって，都市をよりよい方向に向かわせようとするエネルギーを惜しまないことが大切です．

9.6　蘇生する都市

なお，9.5 節で紹介した事例は，いずれもハード的な側面も含めて再構築を行ったものでしたが，空間をハード面でつくりかえるだけが都市の再構築ではありません．ハード面に手を入れなくとも，実質的に集客を実現するという形で都市再構築を進めている都市もあります．地方都市の現状を改めて考えると，かつては賑わった地方都市の中心市街地は，郊外のショッピングセンターやネットショッピングに顧客を奪われ，**図 9.20** のように人通りも少なく，寂れてしまっているのが現状です．では，**地方都市の中心市街地は本当に死んでしまったのでしょうか**．

そのような考え方は必ずしも正しくないと考えています．地図などをよく見ると，都市の中心部にはそれなりの基盤整備の蓄積が過去からなされており，それだけの投資がなされてきた場所であることがわかります．単純に考えれば，都市全体の中で相対的な競争力の高さはまだもっているはずです．ただ，かつては営業意欲が高かった多くの商店主も高齢化し，シャッターを閉じたままで新しい商店に入れ替わるということがなかなか起こりません．集客力を保てている商店街は，つねに一定割合で新しい商店に入れ替わり，新陳代謝が進んでいるという研究報告もあります[5]．寂れたにもかかわらず，地価がまだそれに見合った価格まで低下していないということも，新規の参入者を阻害している一つの要因でもあります．

ちなみに，図 9.20 と同じ商店街で，地産地消を銘打って朝市を実施したところ，**図 9.21** のような集客状況になりました．この朝市に出店を希望する人がいれば，通りの真ん中の道路スペースにきわめて安い出店料で店が出せます．すなわち，高い地価の負担を出店者にかけない方法を採用しています．興味深いのは，この朝市にやってくる人の多くが自動車を保有しているにもかかわらず，それを家に置いて，自転車や徒歩でやってくることです．これらのことから，魅力的な商業機会さえ提供されれば，**死んでしまったように見える地方都市の中心市街地でも十分に人が集**

図 9.20　人通りの少ない地方都市の中心市街地

図 9.21　朝市実施で 3 時間で 1 万人の人出（図 9.19 と同じ場所）

まることがわかります．

このような現象を表現するのにふさわしい言葉に「シードバンク」という用語があります．シードというのは植物の種のことです．種は発芽できる環境が整わなくとも，何十年間かは乾燥などに耐え，一見そうは見えませんが生き続けています．そして環境が整った際，一斉に芽吹きます．この種のもつ性質を利用し，環境変化によって絶滅が危惧される植物の種が含まれる土壌（シードバンク）を確保し，その環境を復元してやることで，その植物を復活させるという方法が生態学の分野で実施されています[6]．死んだように見えても死んでいないという意味で，わが国の現在の多くの地方都市にこの概念は適用できます．

いずれにせよ，**商業施設は人が来てもらえるよいコンテンツをそろえることが重要**です．図 9.21 で示した朝市が成功しているのも，開催者が飽きずに人に来てもらえるような，朝市の内容に関する工夫を毎回重ねているからです．その意味で，近年商店街でよく見かける空き店舗活用事業は，集客のためというより，関係者だけの「内輪（うちわ）」を向いているケースが少なくありません．外部の人にどう抵抗感なく来てもらうかというのが中心地再生のポイントですので，行っていることがその本筋から外れていないかよく考える必要があります．

多くの地方では，商業機会の中心が郊外ショッピングセンターにすでにシフトしてしまっています．このため，中心市街地は放棄してしまって，もう郊外だけでいいではないかという声も一部に聞かれます．しかし，燃料費の高騰や高齢化の進展など，これから発生することが予想される諸課題の中で，一人ひとりの暮らしを考えた場合，自動車でしか行けない郊外に生活を頼ることはきわめてリスクの高い選択です．そのような発想は，「もう糖尿病になったから，甘いものを食べてもいいでしょう」といっているのとあまり変わらないといえます．歩ける範囲で暮らしを組み立てていく，という発想を捨ててはいけません．

なお，活力低下に伴って地代が十分に下がった地域では，空き屋物件などを活用してリフォームと新たなビジネスの立ち上げをセットで行うリノベーション事業などの取り組みも盛んになっています．さらに建物単体ではなく，まとまった街区や商店街などのエリアにおいて中長期的に健全な状況を保てるよう維持管理を行う，エリアマネジメントという取り組みも各所で実践されています．

9.7 まちのボリュームを減らす

人口減少が進んでいくわが国において，これから**もっとも必要となる都市の再構築は，じつは市街地の縮退に対応した取り組み**です．それは都心の華々しい高層ビルの建設とはそもそも話の方向性が異なりますが，それ以上にきわめて重要で，かつ興味深いものです．なお，市街地の縮退は，その性格から利潤を生む要素は少ないので，事業として考えると一般的に民間企業が喜んで参入するような性格のものではありません．かといって，都市を肥満体のまま放置すると，予期せぬ事故や災害の発生や，維持管理のコスト上昇を招くため，早め早めの対策が必要になります．このため，あまりコストがかからない初期の段階で迅速な処理対応が求められ，そしてそれは，民間が参入できる状況が整わないのであれば，公共事業としての実施が前提になります．

ここでは，そのような都市のボリューム削減に公共事業として広く取り組んだ地域として，ドイツのベルリン（旧東ベルリン地区）を紹介します．旧東ベルリン地区では，戦後の激しい人口集中に対応するため，数多くの集合住宅が建設されました．それらは図 9.22 のような中層の集合住宅で，一棟あたりの戸数が非常に多く，そしてほとんどは老朽化が進みつつありました．とくに近年では，人口減少に伴い空室となったところも多く，地域コミュニティの劣化や治安の面でも問題が発生しつつありました．

このような集合住宅の多くは，現在，図 9.23 に示すような形で大きくリフォームされています．これは新規に建設された建物ではなく，図 9.22 のような建物の中層階以上をカットし，階数を大きく減じて，もとの構造を活かしながらデザイン

図 9.22　ベルリン，減築前の集合住宅

図 9.23　ベルリン，減築後の集合住宅

や機能について手を入れ直したものです．このような**建物のボリュームを減らす取り組みを「減築」といい，基本的に公共事業として対応**がなされています．このような取り組みを通じ，結果的にこの住宅群は長く，かつ，より高い価値をもつ住宅として効果的に利用されるようになりました．

さて，残念ながらわが国では，このような取り組みはまだ一般的ではありません．それどころか，むしろこの例と逆のことが推奨されたりしています．たとえば，高度経済成長期に大規模な造成が進んだわが国の郊外ニュータウンでは，この旧東ベルリンと同様，多くの中層住宅を抱え，施設を更新しなければならない時期を迎えています．そこで選択された方法は，中層の住宅群をより高層の戸数の多い集合住宅群に建て替えるというものでした[7]．新しく増やした部屋を分譲や賃貸に出すことで，建て替えの費用がまかなえるという前向きの評価がなされたりしていますが，すでに地域全体で人口減少がはじまっているという事実をどのように考えたらよいのでしょうか．これは，われわれの周囲にじつはよくある問題ですが，個別事業の採算だけが考えられており，**まち全体のプラスマイナスがまったく視野に入っていない典型例**です．地域全体がダイエットが必要なときに，特定の細胞だけがそれと独立して増殖するというのは，生物体にたとえればむしろがん細胞に近いともいえます．

9.8 多様性の強み

生物の世界においては，持続的な地域環境を考えるうえで生物の種の多様性が大切であるといわれています．一般に，自然環境が悪化した状態になると，そこで生活できる生物種は減少してしまいます．それは，自然環境としてはより脆弱な状態に変化してしまうことを意味し，好ましくありません．都市においてもまったくこれと同じことがいえます．**大きく成長するに伴い，都市は様々な機能をその内部に付加し，多様性が高まっていきます**．都市が生まれるきっかけは，何らかの理由で駅，工場，行政施設，港湾，寺院といった人口集積の中核となる施設が作られることが一般的です．そして，そこに勤める人，そこに集まる人などを対象に，その周囲に新たなビジネスが展開していきます．その規模が一定以上に達すると，専門性の高いサービス業や品ぞろえのよい商業施設などもその人口集積をねらって立地するようになり，都市機能の多様性の面から，その都市は安定することになります．

諸説ありますが，都市の人口が30万人を超えるぐらいにまでなれば，特定の施設やサービスが撤退しても，そこに内在する都市機能の多様性がすでに確保されているため，急激な人口減少や都市衰退は発生しにくいといわれています．この逆に，**十分な都市機能の多様性が確保されていない段階で基幹産業などが撤退すると，その都市そのものの存立が結果的に危ぶまれるようになる**ケースも発生します．たとえば，**図 9.24** に示す北海道の夕張市では，基幹産業である石炭産業の発展に伴い，1960 年にその人口は 11 万 7 千人にまで増加しました．一時は岩見沢に置かれていた空知地域の支庁を夕張に移す議論までがなされましたが，結局，そのような行政庁の移転は実現せず，基幹産業である石炭産業が撤退したため，以降人口減少が進むことになりました．この結果，2022 年 10 月の時点で 6800 人を切るまで減少が進んでいます．このような状況は，支庁機能が移転され，それに伴って都市内の産業構造ももう少し多様化していれば結果は変わっていたかもしれません．

図 9.24　衰退の進んだ夕張市の中心市街地

9.9　クリエイティブシティへの展開

都市の再構築を進めるうえでありがちな失敗は，どこかほかのまちで成功したといわれる方法をそのままもちこんでしまうというものです．その時代のその場所で，どのような空間の価値を創造すればよいのか，われわれはつねに問い続けなければなりません．近年では，その場所の価値をどうつくりあげるかという主旨で，場所づくりという概念に該当する「プレイスメイキング」という用語が使われることもあります．また，都市計画のプランや事業は，一度決定すると安易に修正・変更することは望ましくありません．しかし近年では，社会の急激な変化に合わせてどう取り組みを変質させていくか，という主旨で「アジャイルなまちづくり」という表現が聞かれるようになってきました.

より大きなスケールで考えると，経済のグローバル化が進展するにつれ，世界レベルで発信力のある都市（世界都市）の間では競争が激しくなっています．それらの中には，つねに新しい成長力を身にまといながら成長していく都市と，そうでない都市も存在します．近年，**この新しい成長を育む要因として，その都市が創造的（クリエイティブ）であるかどうか**が着目されています．この発想はリチャード・フロリダ[8]やチャールズ・ランドリー[9]によって提唱され，現在の都市づくりに一定の影響力をもって語られるようになっています.

具体的にはフロリダは，人材，技術，寛容性の三つの分野における複数の指標からなる，「創造性指標」を独自に提案しました．なお，その指標内容の一部には，既成社会に対するアンチテーゼ的な要素も含まれており，賛否両論があります．また，創造階級（クリエイティブクラス）というものの必要性を説き，その存在を許容できる社会を有する都市が優位性をもつと説いています．新しいものを生み出す原動力を，この創造階級に求めているということです．ただ，彼らの数が単に多ければよい，また連れてくればよいというわけでもなく，クリエイティブシティを持続的に発展させていく創造産業の発展のためには，独自のスキルをもった労働力やそれらをサポートする産業の一定程度以上の集積が必要であることも指摘されています[10]．さらに，クリエイティブシティにおいては，芸術家や科学者などの創造階級のみならず，市民自らが創造性を発揮できるだけの文化的生活が送れる基礎的要件が担保される必要があるといえます．そのためには「社会的包摂」という概念で表現される，**異なる価値観や立場の人間が格差なく生きていける社会の実現を目指す必要**があり，その意味でクリエイティブシティはきわめて裾野の広い概念を含む用語といえます.

ちなみに，現在ではマンガ文化，オタク文化，カワイイ文化などの日本独自のポップカルチャーを楽しむことを目的に，海外から多くの旅行者がわが国にやってきており，その数は無視することができません．このようなカルチャーも，現在では日本におけるクリエイティブな活動に含まれるということができましょう．ただ，30 年前の時点において，これら当時のサブカルチャーが今後の日本のクリエイティブな文化的一翼を担うということを，誰が予想したでしょうか．この事例からも明らかなとおり，何がクリエイティブな活動たりえるかということ自体，時代の流れによって大きく変化していきます．また，地域の伝統の中から新しい創造性を伴った活動が生み出されることもあります．すなわち，長期的視点に基づいてこれからのことをいい当てるのは難しい分野であることは確かです．ただ，そのような新しい動きを阻害しないようにするにはどのような基盤条件をその都市で整えておくべきか，各都市の特長をよく理解したうえで確認しておく必要があります．

参考文献

［1］ 谷口守：都心再開発，（日本計画行政学会編，著者代表岸本哲也）都市開発における公共と民間，学陽書房，1992.

［2］ 谷口守：公共交通と商業・娯楽施設開発，天野光三編：都市の公共交通，pp. 141-161，技報堂出版，1988.

［3］ 北崎朋希・有田智一：全国における都市再生特別地区の指定手続きの実態と課題，—都市計画素案作成に関する協議プロセスに着目して—，都市計画論文集，No. 48-3，pp. 639-644，2013.

［4］ 佐々木葉：ローカル鉄道のある風景，—岐阜県恵那市明知鉄道—，CE 建設業界，2011.11.

［5］ 阪口将太：東京近郊の駅周辺商店街の変容と今後の継続可能性に関する研究，—杉並区高円寺地区を対象として—，平成 21 年度筑波大学社会工学類都市計画主専攻卒業論文，2010.

［6］ 鷲谷いづみ・矢原徹一：保全生態学研究，pp. 226-230，文一総合出版，1998.

［7］ 日本経済新聞：ニュータウン再生壁高く，2009.12.7.

［8］ Florida, R.: The Rise of the Creative Class, Basic Books, 2002.

［9］ Landry, C.: The Creative City, A toolkit for Urban Innovators, London: Comedia, 2000.

［10］ 佐々木雅幸：創造都市論の再構成，（近畿都市学会編）21 世紀の都市像，—地域を活かすまちづくり—，pp. 2-10，古今書院，2008.

［11］ 日本建築学会編：集合住宅のリノベーション，技報堂出版，2004.

［12］ 矢作弘：都市危機のアメリカ，岩波書店，2020.

［13］ 日経アーキテクチュア編：公民連携まちづくり事例＆解説，日経 BP，2022.

都市をコンパクトに

本章では，時代の変化に応じた，今後の新しい都市の形に関する方向性を議論するうえでもっとも重要なコンセプトといえるコンパクトシティについて解説を行います．具体的には，その導入の経緯と意義，およびいくつかの事例を紹介します．とくに，新しい概念のため誤解されやすい部分について重点的に解説を加え，持続可能な都市づくりのうえで，コンパクトシティのコンセプトをどのように活用していくかについて示唆します．

10.1 コンパクトシティ

2章の図2.6で示したとおり，これからわが国はいままでに例のない急激な人口減少局面を迎えます．このため，今後発生すると考えられる都市問題も，いままでとは異なったものになる様相があります．また，環境負荷の考慮，都市整備財源の減少と，インフラの老朽化，高齢人口比の増加，燃料費等自動車関連財の価格高騰なども予想され，様々な面から都市の形を再考する必要性はより強くなっていくことが考えられます．このような都市の形に関する再考について，その方向性として現在ようやく各所で認知されてきた概念に，コンパクトシティが挙げられます[1, 2]．

コンパクトシティとは，市街地が高密でまとまっており，公共交通利用が盛んで環境負荷の低い都市構造を一般的に指します．都市をそのような形態に誘導することで，上述したような様々な課題の多くは軽減されていきます．ただ，この定義自体，はっきり定まったものはありません．生態学者，建築学者など，それぞれの立場でその定義は微妙に異なりますが，換言すれば，様々な分野の人が都市をコンパクトにしていく必要性を感じているということでもあります[3, 4, 5]．その意味で，コンパクトシティは，分野間で議論を行う際の共通のプラットフォームとなり得ます．ちなみに，英国の都市計画専門家，マーズは「持続可能性教という新たな宗教のもとでは，コンパクトシティは聖都エルサレムとなり，プランナーがその聖職者となろう」(1998年）と述べています．

欧州では，持続可能性の章で説明したブルントラント報告を受け，1980年代後半より，土地利用計画と交通計画の融合という観点からその実現が取り組まれるようになりました．一方，わが国では，2000年を過ぎるまで，国の政策としてはまったく考慮さえされていませんでした．ただ，2005年頃より，政府内の審議会などでも重要概念であることが理解されるようになり，ようやく2007年になって，**図10.1**のような解説図が各自治体向けに公表されました[6]．なお，後述するように，この図はわかりやすい反面，時として誤解を発生させるため，注意が必要です．

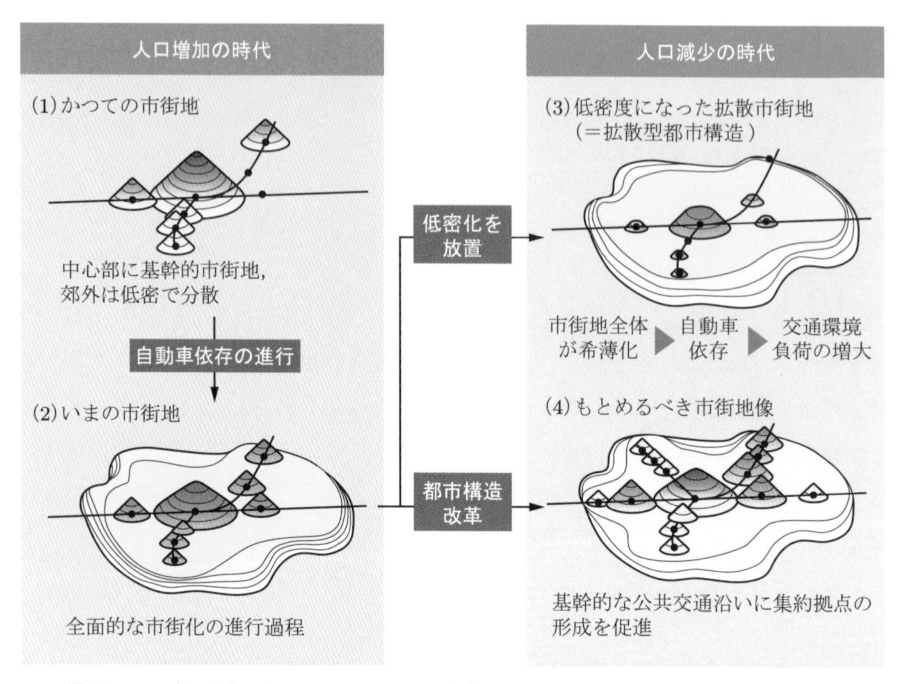

図10.1　国土交通省によるコンパクトシティ解説図
［国土交通省：都市・地域整備局：集約型都市構造の実現に向けて，2007．より作成］

高密化などの都市のコンパクト化政策が，たとえば実際の環境負荷軽減や資源エネルギー利用削減にどれだけ寄与しているかを理解するためには，実際のデータを用いて検証を行う必要があります．ここではたとえば，その都市の居住者が，一人一日あたりどれだけの自動車利用（ガソリン消費）を行っているかということを，コンパクト性の代理指標として使用されることの多い市街化区域人口密度との関係で捉えてみます．具体的には，**図10.2**（a），（b）に示す内容です[7]．

この二つの図から，一見相反するように思われる二つのことが読み取れます．まず，いずれの図を見ても明らかなとおり，どちらか一時点の図だけを見れば，いずれもグラフ上の点の分布は明確な右肩下がりの傾向が読み取れます．これはすなわち，市街化区域人口密度が高いことをコンパクトな都市であると捉えれば，**コンパ**

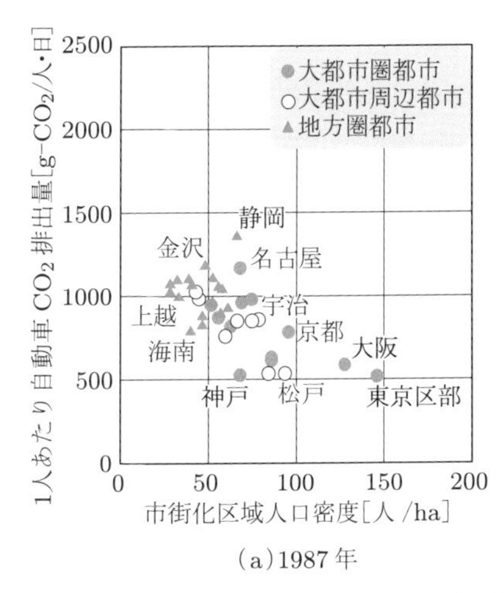

(a)1987年

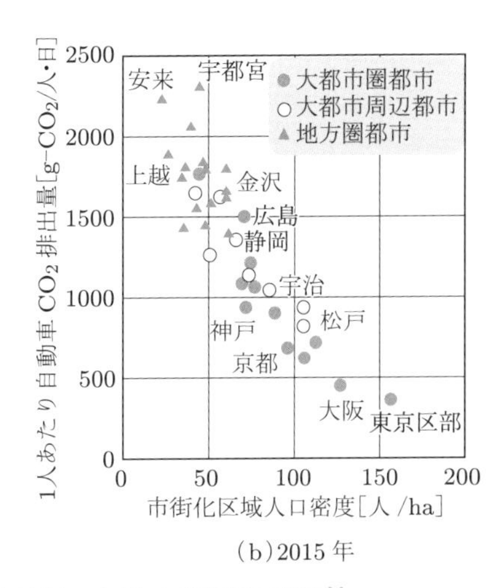

(b)2015年

図 10.2　都市のコンパクト性（市街化区域人口密度）と環境負荷の関係[7]

クトであれば居住者の自動車依存量は低下するということがわかります．次に，両図から経年的な変化を読み取ると，この30年弱の間に，とくに市街化人口密度の低い地方都市で，自動車利用が促進されたことがわかります．なお，この30年近くの間にその都市の市街化区域人口密度がとくに減少したわけではないため，コンパクトかどうかといった都市の構造と無関係にこのような変化は起こっていることも読み取れます．

自動車依存から脱却し，持続可能性の高い都市を導いていくうえで，ある時点で見れば都市をコンパクトにする意義があることがわかります．しかし，複数時点での比較からわかるように，以前と同じコンパクト性を保っている地方都市で自動車依存が進んでいるのは何があったのでしょうか．これは，この間に地方都市において，各世帯で自動車の複数保有化が一気に進んだことによるものです．以前は一家に一台しか自動車がなかったところ，現在では家族それぞれが自分の自動車をもち，それぞれに自由に利用しています．以前と同じ住宅地に以前と同じような人口密度で住んでいるために，そのコンパクト性は変化がないのですが，このような複数保有化で自動車保有の密度という点では非常に大きくなった結果です．

以上から，コンパクトシティ政策推進のうえで，単に都市の密度に気を取られるのではなく，そこでの**居住者の生活スタイルや行動パターンまでを視野に入れた検討が必要**であることがわかります．また，コンパクトシティは，ここで例示したような交通環境負荷の問題だけでなく，都市の維持管理コストの効率化[8,9]や，資源の効率的利用など，ほかにもその実現による様々なメリットがあります．政策としてコンパクトシティの導入を検討する際は，これら多方面にわたる導入効果についても理解しておく必要があります．

10.2 都市の見かけと中身

図 10.1 のようにコンパクトシティのイメージがわかりやすく図化されたことの意義は大きいといえます．しかし，その一方で，このようなイメージが，逆にコンパクトシティに対する誤解も生んでいます．たとえば，**図 10.3** のような都心地区をもつ都市と，**図 10.4** のような都心地区をもつ都市とでは，どちらが持続可能性の面でより望ましい都市といえるでしょうか．図 10.3 は都心地区の近くに広大な緑があり，また高層の建物は一つも見当たりません．一方で，図 10.4 では数多くの高層ビルが並んでいます．外から見た形態から判断し，図 10.1 と照らし合わせれば，図 10.3 よりも図 10.4 の都市の方がコンパクトな都市として推奨すべきように思われます．しかし，各都市の実状を見ていくと，必ずしもそうとはいえないことがわかります．

図 10.3　ドイツ，カールスルーエ都心
[(出典) Sandbiller and Frust: Flug über die Region Karlsruhe, Silberburg-Verlag, 2006.]

図 10.4　米国，ロサンゼルス都心

図 10.3 の都市はドイツのカールスルーエという人口 28 万人程度の地方都市です．中心近くに見えている緑は昔の王宮を中心とした公園で，都心のすぐ近くに歩いて行ける公園が広がっています．この写真の中心部がこの都市のいわゆる中心市街地になりますが，その平日お昼ごろの様子が**図 10.5** です．日本の同程度の人口の地方都市といえば水戸市や徳島市ですが，それらの諸都市と比較すると，圧倒的にま

図 10.5　カールスルーエの都心部，平日昼下がりの様子

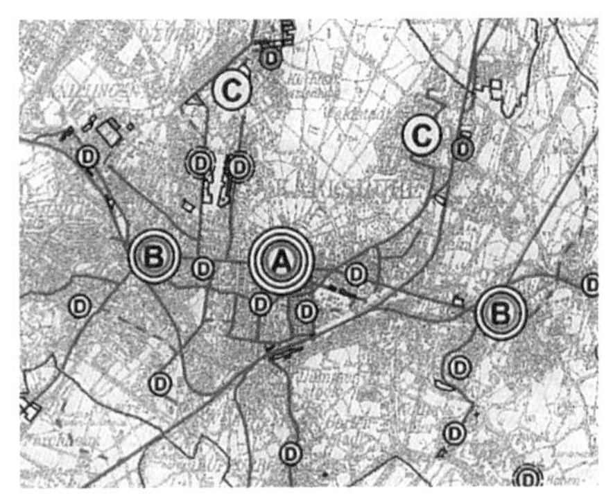

図 10.6　カールスルーエの ABCD 計画
[(出典)カールスルーエ市 HP]

ちなかに多くの人がいることがわかります．図 10.5 をよく見ていただくと，この中心部のそれほど広くない道路には，歩行者とライトレール（LRT）のためのスペースだけが準備されています．これは，5 章でお話ししたデンバー都心と同じ，トランジットモールとよばれる自動車を排除した空間になっています．

このカールスルーエの**出歩きたくなる良好な都市空間を支えているのは，しっかりした都市計画**（具体的には土地利用計画と交通計画）で，それを市民がきちんと受け入れていることです．**図 10.6** に，交通計画とリンクした土地利用計画の一部を示します．図中のラインはすべて LRT の路線で，その主要ターミナル付近に人口を集約することが計画の方向性として提示されています．具体的には，複数の拠点を階層的に，A，B，C，D の人口密度の順に配置しようというものです．交通計画としては，そのサービス水準を十分に高めるにはどうすればよいかということが周到に考えられています．この密な公共交通ネットワークに加え，末端路線でも 10 分に 1 便の頻度の確保，また各種割引制度等の導入による料金の徹底した低廉化がなされています．ちなみに，カールスルーエの LRT は，これだけ利用者が多いにもかかわらず赤字経営です．あくまで **LRT は人がまちに出て，まちを黒字にする横向きのエレベーターのような施設であり，LRT を黒字にしてもまちが赤字になってしまえば意味がない**，という発想で経営されています[10]．

一方，図 10.4 は自動車に依存した都市が多いアメリカ合衆国で，その中でもとくに自動車への依存度が高いロサンゼルスです．人口はロサンゼルス市だけで 380 万人を超え，人口規模でいえば先のカールスルーエのおよそ 14 倍の人が住んでいることになります．一方で，カールスルーエと比較すると本来は十分な人口が支えるはずの公共交通に乏しく，また，土地利用計画も居住者の自動車利用を前提とした水準に留まっています．

コンパクト＝高密という発想に立つと，どうしても都心に高層ビルが林立した都市がコンパクトシティであると思ってしまいます．しかし，**大切なことはそのような外見ではなく，実際に都市の中で人がどのように暮らしているかという中身**です．ロサンゼルスでは都心に高層ビルが林立し，一見コンパクトに見えますが，そこに勤める人の多くは毎日何十 km もの（人によっては 100 km 以上も）自動車を運転しており，暮らしはまったくコンパクトではないのです．まちなかもその人口の割に閑散としています．それに対して，カールスルーエではたとえ高層ビルはなくとも，公共交通ターミナルを軸に生活空間はコンパクトにまとまっており，つねにまちなかに人があふれ，エネルギー消費も効率的です．このような都市の見かけと中身の違いについても十分配慮して，プランニングを進めていく必要があります．

10.3 「拠点に集約」から「拠点を集約」へ

都市をコンパクトに集約していくことの重要性はようやく認識されるようになりましたが，その実行は容易ではありません．一方，近年では国がコンパクト化を推奨するようになったことに伴って，多くの自治体がそのマスタープランの中にコンパクト化を実践するという文言を書くようになっています．ここで問題となるのは，どの地域の誰もが自分の地域は今後も発展してほしいと願っていることです．それは当然の心理ですが，広域的に都市の機能を集約するプランを考える必要があるときに，そのようなマインドは時としてマイナスにも作用します．

そのような要望が少なくないため，現在各自治体で作成されているマスタープランにおける**コンパクト化計画の多くは，住民の意見を配慮したがゆえに，その多くは質量ともに課題**があります．まず，量の観点では，マスタープラン上でそこに都市機能を集約するといわれている拠点の数が多すぎます．実際に都市・地域総合交通戦略を策定している 44 の都市について，マスタープラン上でいくつの集約拠点を設定しているかを確認してみました．これらの都市はきちんとプランを策定しようとしているので，問題意識が比較的高い都市群といえます．そこでは合計で，521 の拠点が設定されていました．この中には政令指定都市から地方都市までが含まれますが，一都市あたり 11.8 箇所の集約拠点の存在は，むしろ分散化計画の様相さえあるといえます[11]．また，質としては，実際の現存する都市機能の水準から見た中心性に比較し，より高位の中心性を志向する拠点が少なくありません．コンパクトシティ化の必要性が理解され，それが広く採用されていくことは，今後の都市の状況を考えれば誠に望ましいといえます．しかし，このような状況が続くと，それは計画の形骸化，もしくは本来の計画意図とは逆の結果につながってしまいます．

ここで見えてくるのは，拠点に集約できるか，ということではなく，**拠点を集約できるか，ということをわれわれはじつは試されている**ということです．それは，分権化が進んだ個々の自治体の独立した個別判断ではなく，都市圏として一定の広がりをもった範囲の中で協調して考える必要があります．そのような拠点の集約を明確に明示して実行している都市圏として，ドイツのベルリンを中心とするブランデンブルグ都市圏を挙げることができます．具体的には，**図 10.7** に示すように，都市圏全体で 152 箇所に設定されていた拠点地区を，2009 年に 52 箇所へと集約しています[12]．

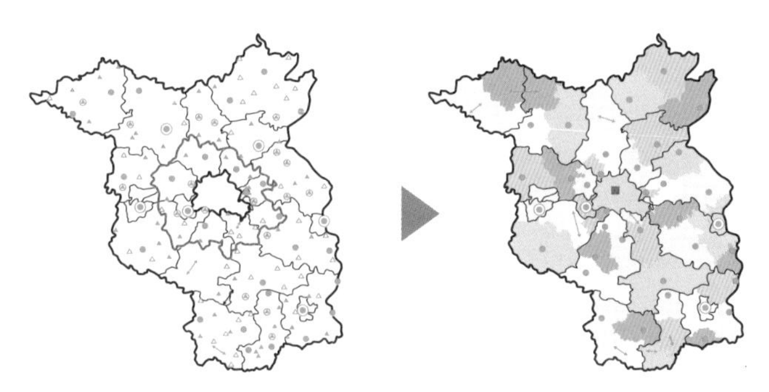

図 10.7　ドイツ　ブランデンブルグ都市圏における 2009 年の拠点集約
[GL: Landesentwicklungsplan Berlin-Brandenburg (LEPB-B), 2009. より作成]

10.4　どこに住むべきか

前節の議論は，商業や業務などの，都市が都市としてあるための機能をどこに集約すべきかというものでした．住居についても，もちろん住まいと勤務先を近接させる（職住近接）という考え方で，先に示した集約拠点の中で十分な居住空間を提供することが求められます．ただ，それだけでは不足する場合が多いため，公共交通サービスがしっかり確保された場所に住居を配置するという発想が必要です．このような考え方を説明するうえでよく紹介されるのが，**図 10.8** のコペンハーゲンのフィンガープランで，**公共交通沿いのコリドール（廊下という意味）に，都市機**

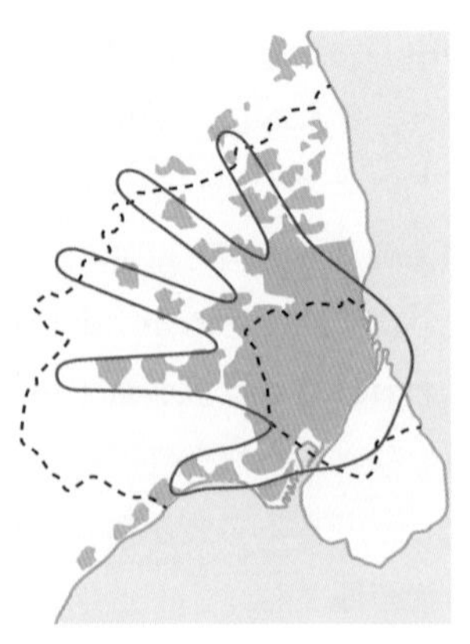

図 10.8　コペンハーゲンのフィンガープラン
[(出典) John Jørgensen: COPENHAGEN
Evolution of the Finger Structure]

能と住居を重点的に配置しようとするものです．

なお，このような発想はわが国にとってはとくに新しいものではなく，大都市圏の民間鉄道会社が以前より実施していたことでもあります．日本の場合は，駅周辺の住宅開発自体をその民間鉄道会社が手掛け，居住者に公共交通の利便性を提供するとともに，併せて鉄道利用者も確保するという一石二鳥の方式を採用してきました．外部経済の内部化とよばれる手法です．その多くは，平日に都心側へ通勤客を輸送するのみならず，郊外側にレジャーランドなどを整備することで，休日交通として郊外向きの交通需要も創出していました．

今後，このような都市コンパクト化の政策は，さらに各所で考案，実施される機会が増えると考えられます．関連する注意点として，**集約を考える前に，じつはさらに拡大しようとしていないかまず吟味**することが必要です．長期的に見て，地域にとって負担となる郊外開発を抑制することがコンパクトシティ政策の基本です．また，コンパクトシティ政策を根拠に，中山間地域からの居住者の撤退の理由づけを行おうとするケースが散見されますが，両者は本来まったく別の問題です．コンパクトシティ政策のターゲットは，拠点をどうするかということに加え，あくまで既成市街地の周辺のスプロール市街地です．

近年ではようやく，コンパクトシティが今後の都市の形として広く認知されるようになってきて，関連する諸制度の整備にも着手されるようになってきました．具体的には，2012 年に「都市の低炭素化の促進に関する法律（通称エコまち法)」が施行され，市町村や民間が低炭素化を通じた都市のコンパクト化が進められるよう，後押しがなされるようになってきました．また，2013年には交通政策基本法が施行され土地利用と交通は一体的に整備されるべきであるということが明文化されました．さらに，2014年には**図 10.9** に示すように，鉄道やバスの公共交通ターミナルを中心として様々な都市機能を集積させていく都市機能誘導区域や，居住機能に特化した居住誘導区域が，市町村によって指定できるよう都市再生特別措置法が改正され，立地適正化計画が策定されるようになりました[13]．公共交通の利便性が高い地域を都市拠点として育てていくための制度がようやく整いつつあります．さらに2020年には，大雨による洪水被害が増加傾向にあることを受け，災害ハザードエリアにおける新規立地を抑制する法改正が加えられています．安価に新規住宅を供給できることから，洪水の発生確率が高い市街化調整区域の一部区域などで人口が増えるケースも多く，**防災のための都市のコンパクト化も重要な視点**になっています．

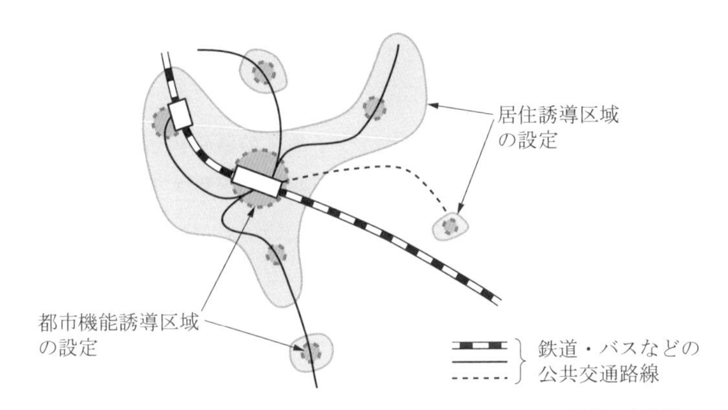

図 10.9　都市再生特別措置法の改正によるコンパクトシティ整備の方向性
[（出典）国土交通省資料]

10.5 「都市の密度」と「接触の密」

初期の頃は「中山間地から居住者を強制転居させるのか」など，あらぬ誤解も多かったコンパクトシティ政策ですが，近年ようやくターゲットとするエリアが郊外部のスプロールや市街地の未利用地であるということが理解されるようになってきました．その一方で，時代の変化に伴って新たな誤解も生じています[14]．たとえば，2020年よりCOVID-19の感染が拡大した際，感染を避けるうえで「密を避ける」ことが効果的であるとの広報がなされたこともあり，コンパクトな高密度都市ほど感染が拡大しやすいとの風説が広がりました．一時期，大都市に偏在する「夜のまち」が起点となって感染拡大した時期があり，「見かけの相関」としてそう見えるタイミングがあったことは事実といえます．

一方で，客観的なデータ分析が積み上がるに従い，上記のような風説は事実とはいえないことが各所で研究成果として証明されてきました．まず，過去のパンデミックであるスペイン・インフルエンザにおいて，感染状況に地域差が存在しないことが示されています[15]．COVID-19ではむしろ，世界でもっともコンパクトでなく，自動車依存が著しい米国の都市で最悪の感染状況となり，それと比較して，香港や東京をはじめとするコンパクトな都市を抱える国での感染状況は，人種間の遺伝的特性が異なるということを差し引いても，相対的に軽微でした．また，ジョンズ・ホプキンス大学の研究者を交えた米国全土の統計分析では，人口が高密度な地域の方が低密度な地域よりも，COVID-19による死亡率が統計的に強く有意に低いということが示されています[16]．さらに，国連ハビタットでは途上国も含めた諸都市に対し，感染状況と都市密度の横断的な分析を行った結果，コンパクトではない都市ほど感染状況が高いということを明示しています[17]．**その都市がコンパクトかどうかというマクロな「都市の密度」と，ウィルスの直接の伝播の場となるマスクなしの接触などに伴う個人間の「接触の密」を明確に区別する必要がある**ということが，現在までのデータ分析から客観的に明らかにされていることです．将来にわたってパンデミックの可能性がある中で，安全・安心でかつ活力のあるまちを維持していくためにどうすればよいかということを，われわれはこれからも学んでいく必要があります．

参考文献

[1] たとえば，谷口守：コンパクトシティ論，（近畿都市学会編）21世紀の都市像，―地域を活かすまちづくり―，pp. 11-21，古今書院，2008.

[2] たとえば，谷口守：コンパクトシティの「その後」と「これから」，日本不動産学会誌，No. 92，（Vol. 24，No. 1），pp. 59-65，2010.

[3] たとえば，海道清信：コンパクトシティの計画とデザイン，学芸出版社，2007.

[4] たとえば，玉川英則：コンパクトシティ再考，学芸出版社，2008.

[5] たとえば，川上光彦・浦山益郎・飯田直彦・土地利用研究会編著：人口減少時代における土地利用計画，pp. 22-27，学芸出版社，2010.

[6] 国土交通省都市・地域整備局：集約型都市構造の実現に向けて，都市交通施策と市街地整備施策の戦略的展開，2007.

[7] 越川知紘・谷口守：都市別自動車CO_2排出量の長期的動向の精査，―全国都市交通特性調査の28年に及ぶ追跡から―，土木学会論文集G，Vol. 73，pp. 169-178，

2017.
[8] たとえば，富山市：コンパクトシティ実現のための社会資本整備のあり方検討業務報告書，2013.
[9] 佐藤晃・森本章倫：都市コンパクト化の度合に着目した維持管理費の削減効果に関する研究，都市計画論文集，No. 44-3，pp. 535-540，2009.
[10] 谷口守・松中亮治・酒井弘・鈴木義康：LRTとリンクした土地利用密度コントロールの実例，―カールスルーエにおけるABCD方式の試み―，都市計画論文集，No. 42-3，pp. 955-960，2007.
[11] 肥後洋平・宮木祐任・谷口守：拠点の階層性に関する計画と実態，―都市計画マスタープランに着目して―，不動産学会学術講演集，No. 29，2013.
[12] 高見淳史・植田拓磨・藤井正・谷口守：ベルリン都市圏の中心地再編にみる新たな縮退型都市圏計画の一考察，地域学研究，Vol. 41，No. 3，pp. 785-797，2011.
[13] 国土交通省都市局：都市再生特別措置法等の改正について，https://www.mlit.go.jp/en/toshi/city_plan/compactcity_network.html
[14] 谷口守：コンパクトシティの誤解を解く，土木学会誌，Vol. 107，No. 12，pp. 7-8，2022.
[15] 速水融：日本を襲ったスペイン・インフルエンザ，藤原書店，2006.
[16] S. Hamidi, S. Sabouri and R, Ewing: Does Density Aggravate the COVID-19 Pandemic?, Journal of American Planning Association, Vol. 84, No. 4, 2020.
[17] UN-HABITAT: Cities and Pandemics, Towards a more just, green and healthy future, 2021.
[18] 谷口守・松中亮治・中道久美子：ありふれたまちかど図鑑，住宅地から考えるコンパクトなまちづくり，技報堂出版，2007.
[19] 矢作弘，阿部大輔，服部圭郎，ジアンカルロ・コッテーラ，マグダ・ボルゾーニ：コロナで都市は変わるか，学芸出版社，2020.
[20] 饗庭伸：都市をたたむ，―人口減少時代をデザインする都市計画―，花伝社，2015.
[21] 谷口守編著：世界のコンパクトシティ，―都市を賢く縮退するしくみと効果―，学芸出版社，2019.

スマートシティからメタバースへ

本章では，デジタル技術の進展に伴い，近年高い期待がよせられているスマートシティに着目します．新たなデジタル技術が都市に及ぼす領域は極めて広く，交通（MaaS，CASE），エネルギーなどの分野への展開に加え，COVID-19 感染拡大を契機としたオンライン化の進展に言及します．併せてメタバースへの空間拡張も視野に，どのようにサイバー空間と実空間を適切に制御していくべきかについて考えるための材料を示します．

11.1 スマートシティ

情報通信やデジタル技術の発達に伴い，近年では**スマートシティ**に関する様々な提案や実装が進んでいます．コンパクトシティと同様に，スマートシティも様々な関係者が独自に定義を行っていることもあり，定まった定義があるわけではありません．ここでは参考までに，政府による定義を以下のように引用しておきます．
「スマートシティとは，先進技術の活用により，都市や地域の機能やサービスを効率化・高度化し，各種の課題の解決を図るとともに，快適性や利便性を含めた新たな価値を創出する取り組みを指す．」[1]

一般的に考えられているスマートシティの中身は，**図 11.1** に示すように，**各分野および分野間でのデータ利活用の促進を通じ，市民の幸福度を高めていこう**とするものです．また，単に市民の幸福に留まらず，地球環境問題の解決や財政負担の軽減など，スマートシティの促進によって改善が図られると考えられる課題は少なくありません．具体的には，交通，エネルギー，防災，健康，教育，安全，金融など多岐に渡る分野ですでに多くの取り組みが進んでいます．本書ではこの中でも，とくに都市計画との関係の深い交通分野とエネルギー分野を取り上げて，以下の節で解説を加えることにします．

なお，技術面ではすでに十分に実用化できるレベルになっていることであっても，社会通念や制度上の観点から，一般への普及にはまだハードルがある取り組みも少なくありません．たとえば，画像認識を通じて個人を特定する顔認証システムは，公共交通乗車の際の切符の代わりとして十分に活用可能ですが，個人情報保護のために活用されているとはいえません．また，自動運転技術は，事故が発生した際に

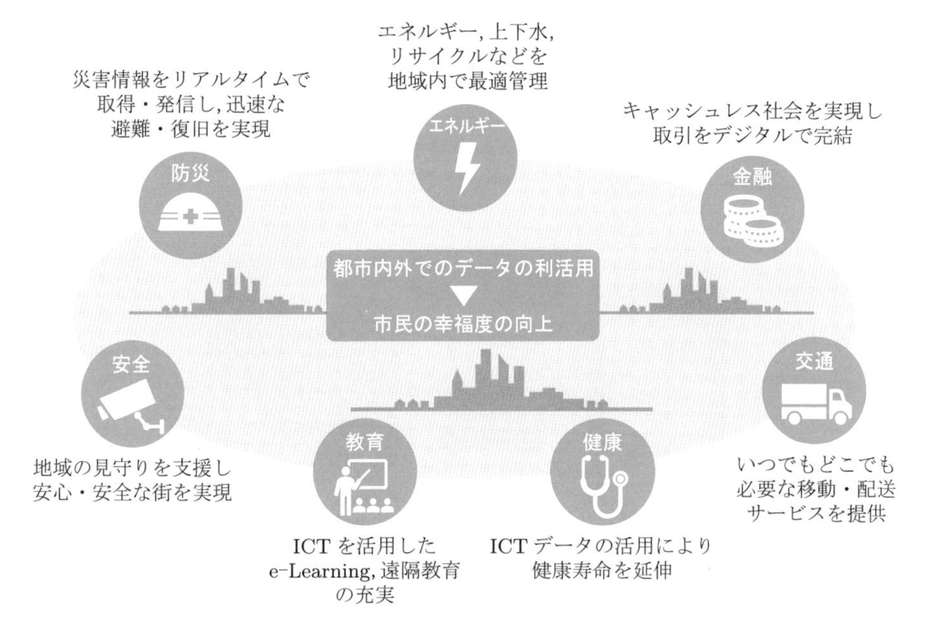

図 11.1　スマートシティの概念
［内閣府：スマートシティガイドブック，2021．より作成］

ドライバーと運転システムのいずれが責任を負うのかルール化が難しい，といった解決すべき課題がまだ残されています．

11.2　MaaS と CASE

スマートシティの構成要素の中でも，交通にかかわる分野は都市の形態に直接的な影響を及ぼすこともあり，都市計画の観点からも理解しておく必要性が高いといえます．その中でも重要なキーワードとして，まず MaaS が挙げられます．MaaS とは Mobility as a Service の省略語で，地域住民や旅行者一人ひとりのトリップ単位での移動ニーズに対応して，公共交通ほか各種の移動サービスを最適に組み合わせて，検索・予約・決済などを一括で行うサービスを指します[2]．以前は各種交通機関を個別に検索・予約・決済を行っていた手間が一気に解消されるため，個人の移動に対するサービスレベルが大きく向上することになります．すでに導入を行っているフィンランドのヘルシンキなどにおける海外の先進地区の例を見ると，一定価格のもとで一定の交通機関を使い放題にするサブスクリプション型のサービス提供とも親和性が高いことがわかります．その導入方法や価格設定によっては，公共交通の利用を促進するための政策ツールとして活用することも可能です．さらに，**図 11.2** に示すとおり，目的地における観光や医療など交通以外のサービスと連携することで，**移動の利便性向上のみならず地域の課題解決にも資する重要な手段**となりえます[3, 4, 5]．

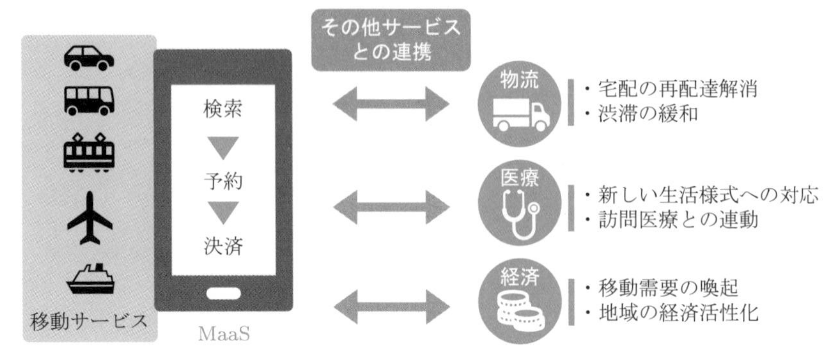

図 11.2　MaaS の概念図

交通手段の組み合わせを最適化する MaaS が発達する一方で，個々の交通手段におけるデジタル化によるイノベーションが進展することで，サービスレベルが飛躍的に向上することも無視できません．たとえば，自動車については CASE という略語でその全体像が表現されています．それぞれの文字は C：Connected（つながる車），A：Autonomous（自動運転），S：Shared（シェアリング），E：Electric（電気自動車）を具体的に意味しています．個人情報を含むデータが適切に処理されオープン化されるようになれば，移動や滞在のニーズをより反映する形に都市計画も変化していくことが期待されます．

11.3　再生可能エネルギーを活かす

図 11.1 に示したとおり，いまでこそスマートシティはデジタル情報を中心に幅広い分野に広がっていますが，その初期は，太陽光パネルや電気自動車を暮らしの中にいかにうまく取り込み，再生可能エネルギーを活用しつつエネルギー効率を改善するかという議論が中心でした．太陽光パネルや地域冷暖房，電気自動車などのスマートシティを構成する個々の諸技術や海外事例については，すでに多くの参考図書が出版されているため，基本的な仕組みや技術的な詳細の解説はそれらに譲り

たいと思います[6,7]．ここでは都市計画の観点から，再生可能エネルギー活用型のスマートシティをどう取り込める可能性があるか，またどう取り込んでいくべきかについて，簡単な解説を行います．

ここで実際に検討が進んでいる例として，太陽光パネルによる発電とその電気自動車への充電などを，電力をデジタルで計測し，通信機能を併せもつことで電力の制御を可能にするスマートメーターなどの機器を通じて，世帯ごとにリアルタイムで実施するものを示します（**図 11.3**）．これら各世帯や周囲の住宅を有機的につなぐことで，相互で効率的なエネルギー融通を行うことも期待されます．**このような相互融通の仕組みは，一般にスマートグリッドとよばれています**．スマートグリッドの普及可能性を検討するため，日本全国の特徴の異なる様々な住宅地を対象に，各戸にスマートグリッドが普及した際に，そこで得られる太陽光エネルギーがどれだけ有効活用できるかを試算してみました[8]．この検討方法の概念図を**図 11.4** に示します．対象住宅地の個人の交通行動についても，実際のパーソントリップ調査の結果を用い，1時間ごとにどのようにどれだけの電力融通が可能かを計算しました．なお，パーソントリップ調査とは，都市圏の交通状況を再現するため，特定の日に対して移動の実態（時間帯，目的，手段，場所，個人属性など）をアンケート形式で尋ねるサンプリング調査です．このようなスマートグリッドが導入されることで，買い物行動の時間をシフトさせたり，家庭内で昼に蓄電された電気を夜に使用したり，近隣で余剰電力をその時間に利用したり，また蓄電してほかの時間帯に利用したりといった様々な電力の有効活用策が住宅地レベルで可能になります．それらの実施可能性を電力の有効活用量として累積して評価すれば，どのような住宅地がスマートグリッド導入に適性をもっているかの判定が可能です．

図 11.3　太陽光パネルを導入したスマートシティ型分譲住宅地（茨城県守谷市松並地区）

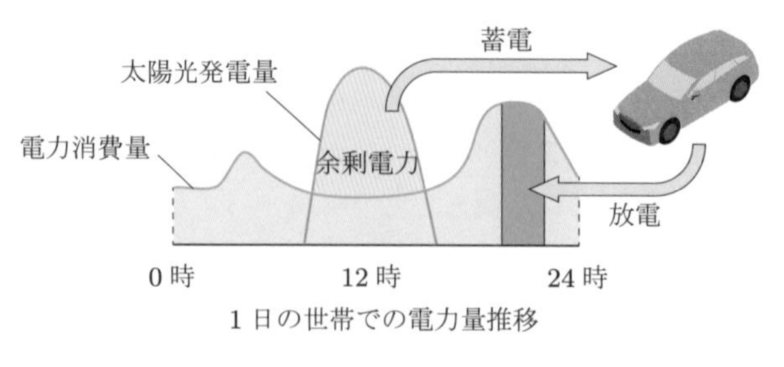

1 時間単位, 1 世帯一人ずつ把握
・電力需給状況
・自動車の利用状況

評価指標：1 世帯あたり余剰電力活用可能量

図 11.4　街区ごとの適性評価の考え方

この結果，意外なことにスプロール的要素の強い住宅地の方が，相対的に適性が高い（余剰電力活用可能量が大きい）ということが明らかになりました．その一方で，タワー型マンションが林立するような高層住宅地での適性は非常に低くなりました．ここで，スプロール的要素が強いということは，中層住宅と一戸建て住宅が混在して立地しているということです．そのような住宅地で適性が高くなった理由として，居住者の生活行動パターンが住宅地内部で相互に異なるために，電力を使用している時間帯に居住者間でずれがあり，相互融通の余地が大きかったことがまず挙げられます．さらに，居住者一人あたり多くの太陽光を受けることが可能な一戸建てと，あまり受けられない中層住宅が混ざることで，余っている電力があればそれを足りないところに回すという流れが発生し，住宅地全体としては有効に太陽光の余剰エネルギーを活用できることも要因です．一方，タワー型マンションなどの高層住宅では，太陽光パネルが登載できる面積を考えると，建物が高層化されているため一人あたりの太陽光パネル面積は非常に小さくなります．また，同じマンションの居住者の生活リズムは類似していることが多く，電力利用の時間帯別パターンが相互に類似するため，融通して追加的に活用できる余剰電気エネルギーは当然少なくなります．そのため，高層住宅地におけるスマートグリッドへの適性は低いという結果になりました．

都市計画の大きな目的として，スプロールを発生させないことを 2 章で解説しました．しかし，再生可能エネルギーの利用を通じてエネルギーの地産地消化を図るといった本節の観点からは，このようにむしろ画一的でないスプロールのような混在型市街地の方が好ましいという逆の結果が出ています．ただ，スプロール市街地は都市の維持管理コストや，交通弱者への対応の面から考えると，やはり推奨できるものではありません．ここでは，都市構造をこのような全体的な視点からより望ましい方向に誘導するため，**電力の価格体系の見直しも含めて検討を行うことが望ましい**と考えます．そもそも電力には，使用の少ない夜間の料金を安くし，昼間を高くするといった価格差を設ける政策が実行されています．たとえば，コンパクトに集住すべき住宅地での電気料金，および他地区からの電力融通料金を相対的に下げ，この逆に，郊外スプロール地区などの集住すべきでない住宅地では相対的に上げるといった方策が考えられます．そうすることで，単に土地利用計画だけだとコンセンサスが得にくかったり，効果の見えにくい都市整備事業についても，都市の形を再編するという観点から，より包括的な議論が可能になります．以上のような考え方は，**エネルギー問題と都市問題の両方の同時解決**を目指すもので，今後の発展が期待される分野であるといえます．

11.4 COVID-19が変えた世界

デジタル技術に基づいてサイバー空間を利用するスマートシティの進展に，2020年初頭から発生したCOVID-19の感染拡大は大きな影響を及ぼしました．とくに感染防止の観点から，テレワークやオンラインイベントが推奨されたことで，日常生活におけるデジタル化が進みました．**図11.5**は国土交通省が東京都市圏を中心に，全国の中核都市以上の規模の都市居住者に対し，日々の活動がどう変化したかを調査した結果です．この図から，はじめての緊急事態宣言発令によって2020年4月にテレワーク実施者は大きく増加していることが読み取れます．一方で，2022年3月はそれからおよそ2年が経過し，感染の第6波が収まりつつある状況の中で，

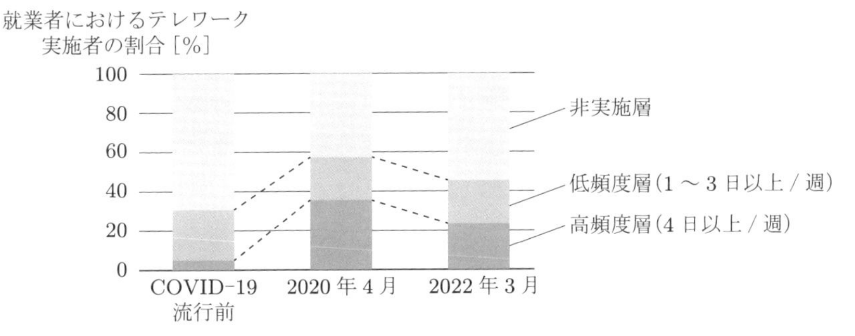

図11.5　COVID-19感染拡大をきっかけとしたテレワークの増加[9]

働き方は感染拡大前の水準まではまったく戻っておらず，この間にテレワークの定着が進んだと解釈することが可能です．**COVID-19 の感染拡大をきっかけに，個人の活動領域は実空間からサイバー空間へと大きくシフト**しています．

なお，このような変化は，COVID-19 の感染拡大によっていきなり発生したというわけでもありません．**図 11.6** は，東京都市圏を対象に継続的に実施されてきた東京都市圏パーソントリップ調査の結果です．この図より，都市圏の人口は 2018 年まで右肩上がりで増加しているにもかかわらず，2008 年から 2018 年の 10 年間で総移動回数（トリップ数）がはじめて減少していることが読み取れます．この調査では，その理由についても併せて調査を行っており，この 10 年で様々な業務のオンライン化が徐々に進んでいたということが原因であると明らかになっています．

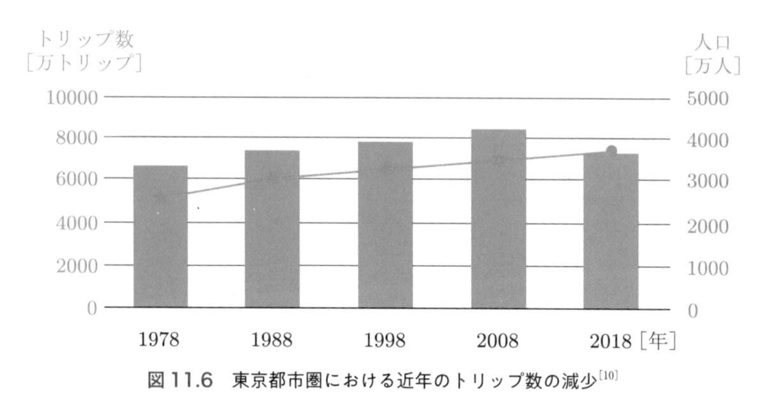

図 11.6　東京都市圏における近年のトリップ数の減少[10]

11.5 生活圏の再編

COVID-19 の感染拡大によって，**業務のオンライン化が急激に進行したことで，人々の生活圏にも変化**が及んでいます．郊外から都心の勤務地へ毎日通勤するという人が減り，郊外の居住地周辺での生活時間が長くなったという人が増えたことが明らかになっています[9]．また，地方の中には都市圏からの移住者が増えているところも散見されるようになっています．このような変化を予見する形で，国土交通省では専門家のヒアリングを通じて，**図 11.7** に示すような国土の未来像を描いています．具体的には，進化したデジタル基盤を背景に，大都市，郊外，地方都市のそれぞれで豊かな生活が送れるだけの十分な社会基盤が提供されることが期待されています．

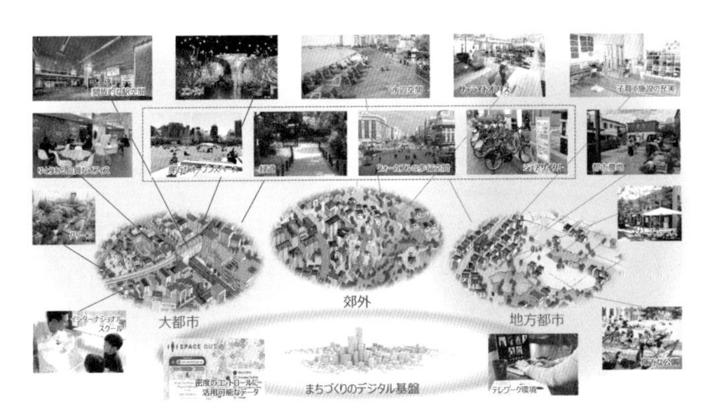

図 11.7　専門家ヒアリングを通じた国土の未来像
［(出典) 国土交通省：新型コロナを契機としたまちづくりの方向性，2020.］

また，このような生活圏の変化に対し，パリでは 15-minute city という名称で，誰もが住まいから徒歩 15 分以内の範囲で一通りの生活サービスが享受できることを，新たな政策として導入しています (**図 11.8**)[11]．このような郊外における徒歩生活圏の見直しは，世界各国で行われています．ちなみに東京都市圏の場合は，パーソントリップ調査で実際の行動を確認すると，郊外居住者は 15 分でほとんどの用を足すことができるのですが，それは自動車利用が前提となっています[12]．

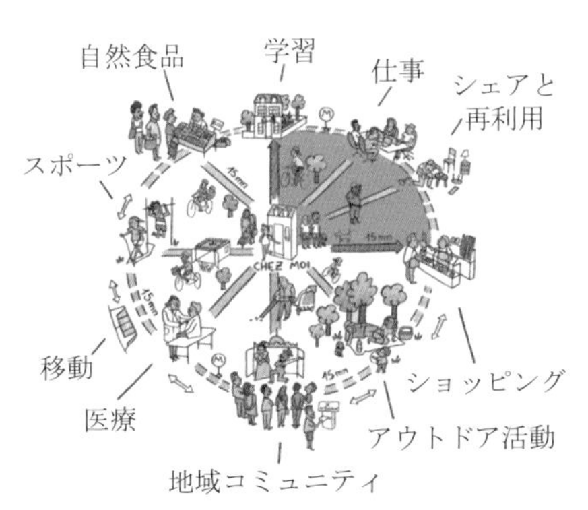

図 11.8　パリ市の提案する 15-minute city
［(出典) パリ市 HP (一部日本語訳)］

11.6 「実空間」対「サイバー空間」

スマホなどの普及に伴い，インターネットによる通販市場の規模の拡大が続いています．2000 年以降は，5 年ごとに市場規模がほぼ倍増してきた分野ですが，その結果，2021 年の消費者向け電子商取引の市場規模は 20 兆 7000 億円を超え，前年比 7.35％の伸びを示すに至りました．2020 年の COVID-19 感染拡大による外出自粛に伴い，とくに物販系分野の大幅な市場拡大が見られます[13]．5 章において，商業サービスに関する「都心」対「郊外」の動きについて解説を行いました．しかし，上記のようなネットが構成するサイバー空間での商業規模の急伸により，**むしろ「実空間」対「サイバー空間」に主戦場は推移しています**（図 11.9）．

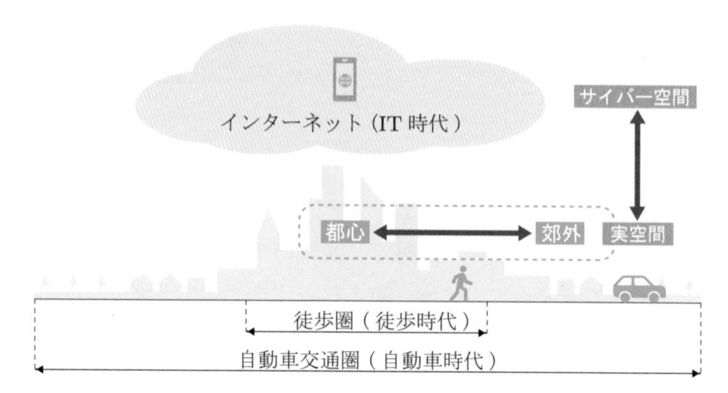

図 11.9 「都心」対「郊外」から「実空間」対「サイバー空間」への活動領域の移行

このような変化を背景に，近年では諸活動がサイバー上に推移することで，まちなかに人が出歩くことが減り，実空間上の店舗などが閉店を余儀なくされるケースも増えています．ネット上の購入サイトはまず地元に置かれたものではないため[14]，地元の商業施設自体が選択されなくなります．これは各地方都市にとって，非常に大きなダメージとなっています．また，このように個人の行動がサイバー上に置き換わっていくことによって，都市の形は少しずつ各個人の目には見えなくなっていきます．自分がいまネット上でアクセスしている所がどこなのかわからない場合が一般的で，たとえわかったとしても，そこはどこか知らない場所であることが普通です．実空間上で行動していたときのように，その場所の場所としてのイメージは，必ずしも心の中に刻まれないのです．

また，以前は物理的障壁として簡単には乗り越えられなかった山河や距離をネットは軽々と越え，異なる言語にさえ抵抗がなければ，瞬時に地球の裏側までアクセスすることが可能です．サイバー空間上ではいままでの物理的障壁は消え，この言語の違いが新たなバリアとなります．つまり，言語圏として広く後背圏をもつ特定の言語が，そうでない言語よりも多くの人口を対象とすることで，サイバー空間上では優越することになります．たとえば，日本国内で英語に親しむ人が増えるなら，日本語のサイトはただ日本語というだけで，実質的な読者層が日本国内に限定される可能性があります．このような状況が蓄積されていくと，当然のことながら世界の中での都市の序列にも変化が生じることが予測されます[15]．一方で，**サイバー空間を有効に活用し，併せて実空間の活性化を図っていくこと**も，当然戦略として存在します．たとえば，ネット上での情報提供によって，サイバー空間から実空間へと人の行動を誘導するO2O（オーツーオー）(online to offline)[16,17]という方策も各所で採用されています．

11.7 メタバースからニュー・スリーマグネット論へ

近年ではさらに，実空間と同じ構成の仮想都市をサイバー空間上にデジタル情報として構築する試み（デジタルツイン）も進められています．そのような仮想都市では実空間でできない様々な政策実験を行うことが可能となっています[18]．さらに進んで，新たなコミュニケーションを行ったり，サービスの提供を受けることを目的として**自らの分身であるアバターをサイバー空間上で行動させる，メタバースも急速な発展**を見せています．メタバースという用語は「超（メタ）」と「宇宙（ユニバース）」を結合した造語で，もともとはオンラインゲームから発展したものです．今後，新たな活動スペースとして，既存の社会インフラの中でどのように定着していくかは注目に値するといえます．

このような大きな変化の可能性を見るにつけ，現在，実空間の中で土地利用計画が立てられているように，サイバー空間においてもその活動を整序化するための対応が同時に必要になってくると考えられます．大規模店舗の新規立地に対して評価を行うように，サイバー空間上での新規サービスが大規模に提供される場合は，それによって実空間にどのような変化が引き起こされるのか，事前に検討しておくことが本来は望ましいでしょう．これは，サイバー空間も都市空間の一部であるという解釈です．換言すれば，**実空間とサイバー空間の両方に配慮した，トータルスペースに対するマネジメント**がこれからは求められるのです[19,20]．

2020年からのCOVID-19による感染症の拡大を通じ，諸活動のオンライン化によってとくにサイバー空間の活用が活発になりました．さらに生成系AIとよばれる人工知能の急激な進化も，思考活動も含めてサイバー空間での活動の比率を高める流れに寄与しています．今後，上記のようなマネジメントを進めるには，わかりやすいコンセプトが必要です．３章でも触れましたが，ここでは改めて古典に学ぶという観点から，100年以上前に英国でコロナによる感染症が拡大したことを契機に提案された，エベネザー・ハワードのスリーマグネット論に注目します[21]．**図11.10**（a）に示すように，ハワードのスリーマグネット論は都市の魅力と田舎の魅力という二つの魅力（マグネット）に対し，その両者のいいとこ取りを行った第三のマグネット（田園都市）を提唱したものです．

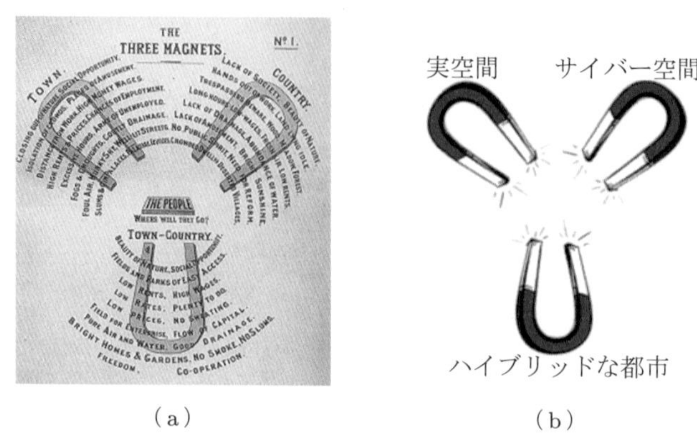

（a）　（b）

図11.10　ハワードが提案したスリーマグネット[21]と新たなニュー・スリーマグネット論[22]

一方で，コロナ禍のもとではオンラインワークの推進など，サイバー空間の利用が推奨されたことで，まちなかのお店の閉店など実空間の荒廃が多くの地域で進みました．これは実空間にとっては，あたかもゆっくりとおそって来る津波の被害を受けたような現象で，実空間でしか享受できない多くの機会をわれわれは失ってしまいました．この反省を踏まえ，過去のスリーマグネット論の知見を借りれば，**サイバー空間の魅力と，実空間の魅力の両方を併せもったハイブリッドな空間づくり**を，新しい空間づくりのコンセプトとして考えていくのがどうやらよさそうです．さしずめ，ニュー・スリーマグネット論とよぶのがふさわしいでしょう[22]（図11.10（b））．

参考文献

［1］　スマートシティ官民連携プラットフォーム，2019，https://www.mlit.go.jp/scpf/
［2］　国土交通省：日本版MaaSの推進，https://www.mlit.go.jp/sogoseisaku/japanmaas/promotion/
［3］　牧村和彦：MaaSが都市を変える，一移動×都市DXの最前線一，学芸出版社，

2021.
[4] 石田東生・宿利正史編：ウェルビーングを実現するスマートモビリティ，学芸出版社，2022.
[5] 大澤義明編著：スマートモビリティ時代の地域とクルマ，学芸出版社，2023.
[6] たとえば，佐土原聡・村上公哉・吉田聡・中島裕輔・原英嗣：都市・地域エネルギーシステム，鹿島出版会，2012.
[7] たとえば，村木美貴：英国におけるCO2排出量削減のための官民連携に関する研究，―地域冷暖房に着目して―，都市計画論文集，No48-3，pp. 681-686，2013.
[8] 谷口守・落合淳太：住宅街区特性から見たスマートグリッド導入適性，不動産学会誌，Vol. 25，No. 3，pp. 100-109，2011.
[9] 国土交通省：新型コロナ感染症の影響下における生活行動調査（第二弾），https://www.mlit.go.jp/toshi/tosiko/content/001581504.pdf
[10] 東京都市圏交通計画協議会：第6回東京都市圏パーソントリップ調査，新たなライフスタイルを実現する人中心のモビリティネットワークと生活圏，2021年3月，https://www.tokyo-pt.jp/static/hp/file/publicity/toshikoutsu_1.pdf
[11] パリ市HP：Paris ville du quart d'heure, ou le pari de la proximité, https://www.paris.fr/dossiers/paris-ville-du-quart-d-heure-ou-le-pari-de-la-proximite-37
[12] 清水宏樹・室岡太一・谷口守：東京都市圏における15-minute cityの実現実態，―生活サービス拠点としての都市機能誘導区域の可能性―，都市計画論文集，No. 57-3，pp. 592-598，2022.
[13] 経済産業省：電子商取引に関する市場調査（2022年8月12日），https://www.meti.go.jp/press/2022/08/20220812005/20220812005.html
[14] 谷口守・阿部宏史・蓮実綾子：サイバーウォークにおける空間抵抗特性とそのタウンウォークとの代替性，土木計画学研究・論文集，Vol. 20，No. 3，pp. 477-484，2003.
[15] 谷口守・松中亮治・安藤亮介：言語に着目したサイバー時代における新たな都市序列，―eコマース上のショッピング行動に着目して―，地域学研究，Vol. 35，No. 1，pp. 69-84，2005.
[16] 富永透見・星野奈月・谷口守：都市の賑わいを生むO2O効果発現可能性の検討，―店舗・施設によるサイバー空間上の広報に着目して―，都市計画論文集，No. 50-3，pp. 553-559，2015.
[17] 海老原城一・中村彰二朗：地方創生を加速する都市OS，インプレス，2019.
[18] 国土交通省：日本全国の3D都市モデルの整備・活用・オープンデータ化を推進するProject PLATEAU，https://www.mlit.go.jp/report/press/toshi03_hh_000086.html
[19] ウィリアム・J・ミッチェル著，渡辺俊訳：e-トピア，丸善，2003.
[20] 谷口守：サイバー立地に対応した空間利用コントロールの必要性に関する試論，都市計画論文集，No. 41，p. 779-784，2006.
[21] Howard, E.: Garden Cities of To-morrow, London: Swan Sonnenschein & Co., Ltd., 1902.

［22］ 谷口守・岡野圭吾：分散型国土とコンパクトシティのディスタンス，—COVID-19 下の国土・都市計画に対する試論—，土木学会論文集 D 3，Vol. 77，No. 2，pp. 123-128，2021.

合意と担い手

本章では，まちづくりに関係する住民による合意形成の方法や課題を整理するとともに，専門家を交えた決定方法の事例について紹介します．新たな担い手として，どうすれば市民のまちづくりへの参加が促進されるかについて考えます．その一つの手掛かりとして，個人の社会とのかかわりを意味するソーシャル・キャピタルの概念を解説します．併せて，信頼に基づいて相互に協調しながら計画を進めることの必要性を，囚人のジレンマという例題を用いることで示します．さらに，そのような仕組みを広く社会で享受できるよう，一人ひとりが行動を変えていくこと（行動変容）の重要性を明示します．

12.1 意見を活かす

都市計画は役所が勝手に決めてしまうものなので，だからどうなっているかわからない，といった意見があります．確かに，都市計画にかかわる多くの事柄はその判断に専門的知識を要するものが多く，そのため行政の内部で主要な審議がなされることが少なくありません．一方で，われわれが住む身近な生活環境をよくしていくうえで，地域住民の意見やアイデアは貴重なものです．**行政がもつ専門的な能力に加え，住民がもっている有用な意見を計画の中で活かしていくことは**，大変重要です．

なお，現在の都市計画では，住民に対して影響が及ぶ事柄に対しては，一般的に，決定前に案を誰でも見れるように縦覧したり，行政のホームページ上で一般から意見を求めるパブリックコメントが実施されたりしています．近年では，計画に対する住民からの提案制度が充実するなど，その仕組み自体は過去と比較して非常にオープンなものになっています．ただ，これら広く意見を活かすための仕組みも，どの意見をどの場に出すのが適切なのかが理解されていなかったり，また，意見をもっていてもそれを表明するきっかけがないといった理由で，なかなか有効に機能しているとはいえません．意見を表明するにもそれなりの準備が必要な場合が多く，通常の就業や家事を行っているいわゆる一般的な良識ある市民が，このための時間を割くことができないというのが実際のところです．

住民の意見を計画に活かしていくためには，少なくとも住民の意見がバラバラであってはうまくいきません．住民が自らの意見を整理してまとめあげていくために，**図 12.1** のような**ワークショップ**の手法がよく用いられます．この手法は都市計画分野だけにかかわらず，立場や考えが必ずしも同じとはいえない人々が集まり，**意見交換をしながら課題を整理していく手法**として様々な機会で活用されています．図 12.1 の例は，近隣の住民が公民館に集まって，地域における交通問題を改善していくためのプランを自主的に練っているところです．このようなワークショップでは，まず最初に，ブレーンストーミングと称して，意見を徹底的にいい合う時間をもつのが一般的です．その場では，出てきたほかの人の意見を批判するのではなく，間違っていてもよいので連想して考えられるキーワードをまずどんどん挙げていくのが鉄則です．キーワードは付箋などに見やすく書き，キーワードが出尽くした段階でそれらをグループごとに整理していき，整理された課題に対して改善策や意見を集約していくという方法を取ります．地域ワークショップでは，意見を交わす機会をもつということ自体が非常に重要で，その過程の中で参加者が様々なことに気づくプロセスに意味があります．また，このようなワークショップで議論を活性化させる役割の人のことをファシリテータといい，研究機関やコンサルタントなどで経験を積んだ専門家がその役に当たることが多いといえます．

図 12.1　ワークショップの風景（島根県松江市）

12.2　合意形成と NIMBY（ニンビー）

上記のように，アイデアを出すという形の住民の意見形成のほかに，何か具体的な事業などのプランがあって，それに対して地域において合意を取りながら進めていくといった機会も数多く存在します．対象となる事業が大きければ大きいほど，それに関係する人や主体も通常は増えていきます．このため，大きな事業であればあるほど，その合意形成のために要するエネルギーも大きなものとなります．とくに，合意形成が難しくなる事業についてはいくつかのパターンがあり，以下ではその特徴を解説します．

まず，合意形成が不調に終わる典型的なパターンとして，**NIMBY**（not in my backyard，ニンビー）とよばれる種類のものがあります．これは，直訳すると，「**私の家の裏庭で実施されるということなら反対**」というもので，日本語では通常，「総論賛成，各論反対」とよばれるものです．たとえば，市街地の中を通過する自動車交通によって渋滞や事故に困っている地域があり，地域としてはバイパス道路の整備を総論として望んでいる例を考えます．しかし，具体的にバイパス道路の路線を地図上に落とす各論の段階になると，その路線が自宅近くを通ることになる世帯は「そこに通してもらっては困る」といって反対に転じることが少なくありません．社会基盤の中には，路線やネットワークができてはじめて機能が発揮できるものも多いため，場合によっては，このような少数の反対で事業全体が頓挫するケースもあります．廃棄物処理場や葬儀場など，地域社会としては必要だが，その近隣には迷惑を及ぼす可能性がある施設の整備計画では，往々にしてこのNIMBY問題が顔を出します．

また，これとは異なるパターンとして，たとえ強固な反対者がいなくとも，**関係者の間での微妙な不公平感が存在し，それが原因で合意が進まない場合もあります**．たとえば，区画整理事業などにおいて，地権者は全員事業前より自分の資産価値が増進するのがわかっていたとしても，誰かが周囲の地権者と比較して自分の利益は不当に少ないと思いこんでしまうと，合意することは難しくなります．商業関係者などは，出店場所の微妙な違いなどでも店舗の営業状況は影響を受けますので，簡単には引き下がれなかったりする場合もあります．

これらの問題に共通しているのは，民主主義の基本ともいわれている多数決では，必ずしも問題は解決できそうにないということです．住民投票など直接的な住民の意思表示を通し，分かれた意見に白黒をつけようという制度は，米国などではバロットと称して実施されています．住民投票は民主的方法であるという意見がある反面，多数決で決めたからといって必ずしも適切な方策が選択されるとは限らないことも指摘されています．たとえば，社会的には採用することが望ましいと思われる案件でも，投票者個人の負担が短期的に増えると予想される案件（たとえば，交通混雑解消のための負担金徴収など）は，否決される傾向が強いといえます．

話し合いや意見交換を通じて，どうしたら合意や解決に近づけるのかは，それぞれの事例の特徴に応じて考える必要があります．まず，立場や考えが異なる人がいれば，**意見が割れるのは当然であるということを冷静に理解し，互いの信頼関係を崩さない**ようにすることが大事です．なお，強固な意見対立がある場合は，そもそも対話のテーブルに関係者がつこうとしない場合もあります．対応策としては，利害関係のない第三者に入ってもらい，不必要な紛争が発生しないように対話を進めていくという方法もあります．

また，合意になかなか至らないケースでよく見られるのは，不利益を被る少数者が強い反対意見を主張するのに対し，多数者は賛成と考えていても，それを強く主張する動機がないために意見を述べなかったり，意見を述べる場にも参加しないといった状況です．ちなみに，このような多数の緩やかな隠れた賛成者を，**サイレント・マジョリティー**とよんでいます．サイレント・マジョリティーは，往々にしてその姿が見えないので十分に考慮されないことも多く，**その存在は合意形成を進めるうえで注意して配慮**しなければなりません．

何らかの事業が地域で考えられ，その賛否が分かれた結果，それが合意されないだけでなく，廃案にもならないというのは望ましいことではありません．たとえば，ある市では新たな公共交通システム導入が提案され，技術的にも採算的にも問題がなく，事業者側も導入に同意しました．しかし，一部住民より自動車利用の利便性が低下するといった反対意見が出されたため，意思決定を行うにはその導入に伴う影響の確認が必要ということになり，コストと時間をかけて社会実験が実施されました．社会実験の結果，導入に当たっての障害はとくに見当たりませんでしたが，なされた判断は「引き続き検討が必要である」というものでした．政治的理由によるものがほとんどですが，いたずらに意思決定を引き延ばすことは，関連する計画の方向性をも宙に浮かせてしまい，地域に予期せぬコストをもたらします．決めるべきことを決めない不作為や時間引き延ばしのために，ポーズとして住民の意見を聴くということは，あってはならないことといえます．

12.3 専門家を活かした決定方法

前節では，合意に至るのが難しい場合，第三者に入ってもらう可能性を示唆しましたが，英国（具体的にはイングランドとウェールズ）では，すでに仕組みとして**専門家（インスペクター）が第三者として客観的な裁定を出す仕組み**を長年にわたって運用しています．ここでは，その仕組みを簡単に解説しておきます[1,2]．

インスペクターは，経験豊富なプランナーの中から公募によって選ばれます．その専門や経験に応じ，各案件に対してふさわしい担当者が選ばれますが，裁定の公平性を確保するため，住んだり働いたりした経験のある地域を受けもつことはできません．対象とする主たる業務は，自治体の法定都市計画案（縦覧というよび方で一般公開されているもの）に対する反対意見の審問，自治体の計画に関連する諸決定に対する不服審査裁定などです．担当する審査請求（アピール）が届くと，その案件の内容や程度に応じ，書面陳述，ヒアリング，公開審問など，裁定を出すうえでもっとも適した方法が選ばれます．このうち，書面陳述がもっとも簡単な方法で，重要案件に対しては公開審問が行われることになります．

ここでは，プロセスとしてもっとも完成度の高い公開審問について，以下に解説を加えます．公開審問は住民参加の場であるという紹介を行っているものもありますが，形態としては実質的に法廷です．**図 12.2** に，実際の公開審問会の状況を示します．インスペクターが裁判官に相当し，「訴えた側」，「実施主体側」，「その他の証人」が，それぞれ証人陳述を行います．それ以外の関係者も参列することはできますが，発言はインスペクターの裁量範囲内で実施しなければなりません．公開審問は通常 1 回では終わらず，何回かの審問会を積み重ねていきます．インスペクターは裁判官に相当しますので，何か新しい案を提案するという役割は負っていません．あくまで**どちらの意見がより筋が通って妥当であるかを裁定するのが役割**です．また，その裁定意見がそのまま決定結果として採用されるわけではありません．計画業務の実行主体は地方自治体ですので，地方自治体は裁定結果を受け取り，その

図 12.2　英国，ニューポートでの公開審問会開始直前の様子．右端のスーツを着た人が，裁判官に相当するインスペクター

判断を参考にして意思決定を行うという構造になっています．アピールを出した側にとって，地方自治体が最終的に決めた判断内容に不服がある場合は，そこではじめて次の段階として一般の裁判にもち込むことができます．

多数決で決めてしまうと地域エゴが出てしまう場合や，弱者保護に反する場合など，住民投票型の意思決定に特有の限界を克服しようとすると，社会的な見地に立つ判断を活かす仕組みがどうしても必要になります．突きつめて考えれば，英国が採用しているこのような専門家が裁定にかかわる意思決定法が，その対極としての一つの解であるといえます．専門家の重責として，関係者の様々な権利が不当に侵害されていないかを見きわめるとともに，「市民参加」の場が単に特定のわがままを主張する場とならないよう，公益性に照らしてその運営を行うことが期待されます．

12.4 市民参加のデザイン

合意形成に加え，様々な地域での活動を実際に誰が担っていくかという問題もあります．たとえば，地域で必要な生活道路を公共事業として整備することに合意でき，実際に整備したとしても，家の前のそのちょっとした清掃活動も役所が税金で行うべきでしょうか．何もかも誰かが税金で負担してくれて当然，という姿勢が今日の政府の財政危機を招く一因となっています．また，わが国の社会は急激な変化を続けてきました．かつては当たり前であった大家族の中での相互扶助や地縁をベースにした地域内での地域活動は，核家族化や独居化の進行と地縁の弱体化に伴い，大きく減退しました．これらの諸活動は，ややもすれば，単にわずらわしいもの，自己実現のためには報われない行為として回避される傾向にあったといえます．とくに，国全体での所得向上と，家電製品やコミュニケーションツールなどの発達が，相互扶助や地域活動がなくとも生きるのに困らない社会の形成に一役買ってきたともいえます．

一方，このような社会の変質と表裏をなすように，以前はその存在さえ十分に認知されていなかったボランティアや NPO が増加しています．現在では，それら**新たな市民参加は社会的な認知を受けるとともに，かつては大家族や地縁が担っていた相互扶助や地域活動の一部を担うまでに成長**してきました．中にはきわめて高度なスキルをもった人が，専門的な見地から市民参加を行う機会も増えています．オリンピックなどの地域を巻き込むイベントの実施や，東日本大震災からの復旧など，彼らの力がないとその成立が不可能な領域も見られるようになっています．

しかし，このような新しい流れが，本来必要とされる，もしくはかつて存在した相互扶助や地域活動の領域をカバーできているかというと，残念ながら十分な水準には到達していません．国の上位計画である国土形成計画では，「新たな公」という用語を用い，この新たな担い手の概念とその必要性を漠然と説明しています．ただ，本来どこの誰がどのように担うべきかという議論は，十分に行われているとはいえません．とくに，今後人口減少が進み，高齢者比率が各地で高まっていきます．そのような状況下では，ささいな地域内相互扶助があるかどうかで，公共の支出負担が大幅に変わると予測され，地域居住者の幸福感自体も大きく変わると考えられます．このような**市民参加をどうデザインし，全体として大きな力を発揮できるように考えるか**が，これからの計画における一つのポイントになります．

ちなみに，現在までの市民参加の実態やその意識の観察から，いくつか考慮すべき興味深い点が見えてきます．まず，震災復興の現場などでは，参加希望者と受け入れが必要な現地とのマッチングにエネルギーを要しています．とくに，災害復旧の現場は押しかければよいというものではなく，場合によっては，そのことがむしろ現地にとって迷惑ともなります．また，東日本大震災での復旧ボランティア参加者数を統計的に分析すると，各被災自治体の実際の被害（死者数）よりも，各自治体のメディアへの露出度との方が高い相関を示すことが明らかになりました．これらのことから見えてくる客観的な事実は，参加者は自己実現の一環として動いているケースが多いということです．逆にいえば，参加者のこのような心理を理解すれば，市民参加全体をよりうまくマネジメントできる可能性も少なくありません．

なお，東日本大震災時の調査より，ボランティア参加したいという気持ちの人はきわめて多いのに，**図 12.3** のように，実はボランティアとして現地に入っているのは，近場に住んでいる人がほとんどであることがわかります．その主たる理由は，休みが取れないということと，被災地まで遠くて行けない，というものです．時間と距離というきわめて物理的な理由によって，協力できる人数が制限されているのが現実です．これらのことから，一見関係がないようですが，休みが簡単に取れる社会にするのが，じつは市民参加を促すうえで一番効果的な方策であると考えられます．また，距離については克服が難しいように思われますが，震災に限っていえば，現地に行かなくとも協力できる募金や物品支援といった諸活動も多くあります．これら諸活動について参加したいけれども参加しなかったという人も多く，その理由を問うと，参加方法がわからなかった，きっかけがなかったということが明らか

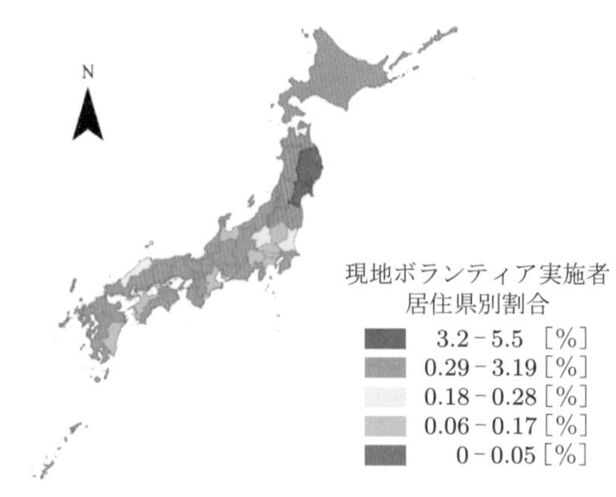

図 12.3　他地域援助の空間的広がり
[(出典) 谷口守・山口裕敏・宮木祐任：他地域に対する市民レベルの援助実態とその参加要因に関する研究，―東日本大震災をケーススタディとして―，都市計画論文集，No. 47-3，pp. 457-462，2012.]

になっています[3]．

以上から，市民参加を有効な形で促進するには，まだまだ多様な工夫が実施可能であることが理解できます．家族内相互扶助や地縁的地域活動が衰退したのも，逆にボランティアや NPO 活動が発達したのも，**じつは個人の自己実現ということがキーワード**になっています．その行為を何らかの形できちんと認めていくことがポイントです．ちなみに，旧来からの道路清掃のような地域活動であっても，最近では各自治体がアダプト制度（アダプトはもともと「養子にする」という意味）という認証の仕組みを設け，表彰や現地での掲示を行ったりしているのはその好例です（**図 12.4**）．また，参加のきっかけづくりをどうデザインするかということも重要な視点です[4]．

図 12.4　アダプト活動の例
[(出典) 豊中市新千里東町ホームページ]

12.5 ソーシャル・キャピタルを考える

前節での具体的事例として，震災対応などの非常時の話をいくつか例示しました．ちなみに，震災時などに他地域から援助活動に入っている人は，日頃から自分の居住する自地域においても様々な活動を実践している人の割合が高いことがわかっています[4]．その性格は異なりますが，市民参加のニーズとしては平常時の方がトータルとしては大きいわけで，このような平常活動の活性化が，結果的に震災対応などの非常時にも有効であるといえます．では，日頃からの自地域における市民参加の実践では，何がその促進要因になっているのでしょうか．

このことに関し，近年**ソーシャル・キャピタル**という概念の重要性が指摘されています[5,6]．日本語に翻訳すると「社会関係資本」といった用語に訳されることが多く，**社会や地域に対する信頼関係と住民活動・参加の関連を一種の地域資本として捉えた概念**です．その考究は19世紀より存在しますが，計画分野への言及としては，1961年にジェイコブスが社会的なネットワークをソーシャル・キャピタルとして取り上げたのがそのはじまりといえます[7]．その後，パットナムによって，その定義として「人々の協調活動を活発にすることによって社会の効率性を高めることのできる『信頼』，『規範』，『ネットワーク』といった社会の特徴」とする考え方が提示されるようになりました[8]．わが国では，ソーシャル・キャピタルが高い，すなわち，地域での近所づきあいや緑の手入れなどちょっとした周囲との交わりが多く，地域を信頼している人ほどまちづくり活動へのかかわりが多く，また地域の都市問題に関する意識も高いことが示されています．ちなみに，いわゆる都市部よりも，農村部の方がソーシャル・キャピタルの水準が高い（損なわれていない）ことも併せて明らかにされています[9]．近年では格差の拡大に伴い，個人が都市の暮らしの中で孤立してしまうケースも増えており，どうやって人と人との間の関係性を都市の中で構築していくかは大きな課題となっています[10]．

市民参加を効果的に促進していくうえで，地域住民のソーシャル・キャピタルをどう醸成し，高めていくかが一つの視点となります．ちなみに，このようなソーシャル・キャピタルの水準と実践行動の有無との有意な関係性は，住民のみならず地方自治体職員においても検証されています．一朝一夕にソーシャル・キャピタルを醸成することは難しいですが，適切な情報提供や早い段階での教育が有効となります．また，自らの地域に対して，愛着と自信をもつことが，その実践の第一歩ということができます．なお，現在われわれが生活している国土や都市は，まったく何もしないで天から降ってきたものではありません．われわれの先人がたゆまぬ努力の中で，整備・改良を続けて築き上げてきたものです[11]．そしてそれを引き継ぎ，さらに発展させていくことは，われわれ世代に与えられた責務でもあります．そして，その教えそのものを基本的な教育として，次世代に引き継ぐよう実践していく必要があります．

また，この地方分権化の時代において，個人がソーシャル・キャピタルを高めるだけでなく，各地域や地方自治体もそのソーシャル・キャピタルに相当する社会関係資本を身につけることは重要なことです．現在，地方自治体や地域が中央政府より強い決定権を保持する傾向は世界的に共通しており，そのことは「ローカリズム」と総称されています．ローカリズムの時代においては，各地域や自治体が勝手にバラバラに様々なことを判断したり，決定するのではなく，それらの**横の関係性（ネットワーク化）をしっかり結び，活かしていくことがより重要**になります[12]．自地域での悩みは，同じように多くの他地域でも対応が考えられていることでもあります．また，深刻な問題の多くは，その地域や自治体だけでは解決困難なものも少なくありません．ちなみに，関西地方では自治体の広域連合を形成することで，東日本大震災の復旧支援に連合所属自治体間で分担してサポート職員のリレー派遣を行ったりしています．また，国からの支援要請に基づかない，独自にサポート職員の提供を受けた被災自治体の多くは，震災以前からその相手方自治体を何らかの形で交流を行っていた「よしみ」があったところがほとんどです．いざというときに，このような日頃のソーシャル・キャピタル（日本語で簡単にいってしまうと「おつきあい」ということになるのかもしれません）の蓄積が大きな意味をもってくるということがわかります[13]．

12.6 行動変容の重要性 ― 競争から協調へ

先述したように，ソーシャル・キャピタルには「信頼」という要素も入っていますが，これは，都市計画においてきわめて大切な意味をもちます．都市計画に関連する**様々な関係者（主体）が相互に信頼をもって協調的な行動ができるか**どうかが，その結果に大きな影響を及ぼします．このことをわかりやすく理解できるよう，「囚人のジレンマ」という例題がよく引き合いに出されます．これは，ゲーム理論という研究分野のもっとも基本的な概念で，**表 12.1** のような利得表に基づいて説明がなされます．

表 12.1　囚人のジレンマ例題：利得の一例

主体B ／ 主体A	協調する	協調しない
協調する	(5, 5)	(0, 8)
協調しない	(8, 0)	(1, 1)

この表 12.1 では，主体AとBの二人が，それぞれお互いの行動の組み合わせの結果得られる利得を，その行動の組み合わせごとに示したものです．たとえば，AとBが共に協調して行動すれば，お互い5点ずつの利得が得られます．しかし，Bが協調しようとするのに対し，Aが自分だけの利得を追求して協調しなければ（相手を裏切れば），Aは8点を得られ，裏切られたBは利得が0になってしまうというものです．

都市計画上の具体的な例で説明すると，たとえばAとBが協調するというのは，それぞれが就業人口が減少する都市圏を構成する自治体で，その中でお互いに産業活動の無理な誘致を行わないとする行為が挙げられます．お互い身の丈に応じた対応を行えば，大きな利得を得ることはないにしろ，5点ずつというそこそこの利得を双方が得られるとします．一方，Bが産業の無理な誘致を行わないという協調行動を取る一方で，Aが拡大主義に走るという協調しない行動に出た場合は，Aに産業が集積し，Aが一人勝ちすることになります（Aが8点，Bは0点）．AとBがそれぞれ逆の対応に出た場合は，この結果もまったく逆になります．また，AもBも双方が協調行動を取らない場合は，どちらもが誘致合戦を行って疲弊する割に（コストの発生）それほどの産業集積は得られないため，共に利得が1点になると考えます．

このような前提条件の中で，主体A，Bそれぞれは協調するのがよいか，それとも協調しない方がよいのか，どちらでしょうか．この問題をAの立場に立って考えてみましょう．まず，Bが協調した場合を考えると，自分も協調すると得られるのは5点，自分が協調しないと8点が得られることになります．このため，この場合は，Aとしては協調しない方が得ということになります．一方で，Bが協調しないで裏切った場合を前提として考えると，自分が協調しても1点も得られず，協調しなかった場合は1点が得られることになります．このため，この場合もAにとっては協調しない方がよいことになります．以上のように，AにとってはBがいずれの行動をとっても，協調しない方が得ということになります．Bの利得はまったくAの利得と対称ですので，同じ判断からBも協調しない方が得であると考えることになります．以上のことから，結果的にA，Bともに協調戦略は採用せず，どちらも協調しないという選択肢を選ぶことになり，結果的に双方が得られる利得は1点止まりになります．互いに協調していれば，どちらも5点という利得を得られるにもかかわらず，**双方がそれぞれ最適と考える選択肢を合理的に選んだ結果，それは最適な結果にはならないという現実**です．これが囚人のジレンマという問題です．

日本全体の人口が減少していく中で，分権化と称して都市計画の権限は自治体や地域にどんどん降ろされています．住民に近いところで住民のことは決められるということで，それでよくなることは少なくありません．しかし，このような状況の中で，自分のまちだけが勝ち残ろうとして極端な成長戦略に出た場合，その結果はどうなるでしょうか．表向きに協調する協定などを仮に取り交わしたとしても，相互の自治体がお互い信頼できなければ，どの自治体も自分は勝ち逃げしようとして，この囚人のジレンマ問題が発生することになります．そして結局，全体が疲弊することになります．

以上は自治体を主体として解説例を示しましたが，個人ベースでもこの問題が当てはまる例は数多くあり，渋滞問題などもその典型例といえます．たとえば，目的地までの到着に要する時間を考えると，一般的に自動車で行くよりも公共交通で行く方が時間がかかります．ただ，公共交通の方が環境負荷も低く，地域を支えて行くうえで皆で利用を進めていく必要があります．このため協調案としては，各主体全員が公共交通を利用することとします．しかし，誰もが公共交通を利用していて道路が空いた状況の中で自分だけ自動車を利用すると，渋滞もなく短い時間で目的地に着き，大きな利得が得られます．結果的に，先述した思考回路と同様の流れの中で，自分は自動車で行くことが選択肢として最適であると判断し，全員が自動車で出発して渋滞が発生し，全員が低い利得しか得られなくなってしまいます．

以上のように，現在都市計画に関連する課題の多くの局面において，**必要とされているのは競争よりむしろ協調**です．もちろん競争が必要な局面もありますが，その場所と状況を考慮せず，思考停止のもとで競争が礼賛されているケースが少なくありません．また，その協調が可能かどうかは，相互に信頼関係があるかどうかに大きくよります．信頼の構築というきわめて人間として基本的なことが，現在の計画において問われているといえます．

そのような信頼に基づく協調のシステムへと計画全体を導いていくことは容易ではありませんが，不可能でもありません．正確な情報のもとで，どのような行為がどんな結果につながるかを理解し，関係者がきちんとコミュニケーションを行い，信頼関係を築きながら，行動を変更するべきところは変えていくということが仕組みとして必要になります．そのような試みは「行動変容」と総称され，すでに交通計画の分野などを通じて実践的な試みが積み上げられています[14]．

参考文献

［1］谷口守：英国のインスペクター（審問官）にみる合意形成のための第3者機関の可能性と課題，不動産学会誌，No. 47，pp. 44-50，1998.

［2］高見沢実：イギリスに学ぶ成熟社会のまちづくり，学芸出版社，1998.

［3］谷口守・山口裕敏：他地域に対する市民レベルの援助実態とその参加要因に関する研究，―東日本大震災をケーススタディとして―，都市計画論文集，No. 47-3，pp. 457-462，2012.

［4］たとえば，藤井さやか監修，URリンケージ編集：市民のまちづくりお助け本，つくば市発行，2010.

［5］宮川公男・大守隆編著：ソーシャル・キャピタル，東洋経済新報社，2004.

［6］柴田久・土井健司：都市基盤整備におけるコンフリクト予防のための計画プロセスの手続き的信頼性に関する考察，土木学会論文集D，Vol. 62，No. 2，pp. 213-216，2003.

［7］Jacobs, J.: The Death and Life of Great American Cities, Random House, 1961.（ジェイン・ジェイコブズ著，山形浩生訳：新版，アメリカ大都市の死と生，鹿島出版会，2010.）

［8］Putnam, R. D.: Bowling Alone: the Collapse and Revival of American Community, New York, Simon and Schuster, 2000.（ロバート・D・パットナム著，柴内康文訳，孤独なボウリング，―米国コミュニティの崩壊と再生―，柏書房，2006.）

［9］谷口守・松中亮治・芝池綾：ソーシャル・キャピタル形成とまちづくり意識の関連，土木計画学研究・論文集，Vol. 25，pp. 311-318，2008.

［10］保井美樹編著，全労済協会「つながり暮らし研究会」編：孤立する都市，つながる街，日本経済新聞出版社，2019.

［11］大石久和：国土と日本人，中公新書，2012.

［12］Gallent, N. and Robinson, S.: Neighbourhood Planning, Communities, Networks and Governance, Policy Press, 2013.

［13］山口裕敏・土居千紘・谷口守：災害時自治体間援助の全国的実態とその特徴，―東日本大震災を対象に―，地域安全学会論文集，No. 21，pp. 179-188，2013.

［14］日本モビリティ・マネジメント会議：http://www.jcomm.or.jp/

［15］室田昌子：ドイツの地域再生戦略 コミュニティ・マネージメント，学芸出版社，2010.

［16］谷口守：実践 地域・まちづくりワーク，―成功に導く進め方と技法―，森北出版，2018.

［17］内海麻利：決定の正当化技術，―日仏都市計画における参加形態と基底価値―，法律文化社，2021.

これからの都市づくり

本章では，これからのよりよい都市づくりのため，われわれは何に気がつく必要があるのかを例示します．また，なぜ日本の都市は魅力が乏しいといわれることが多いのかを，具体的な事例を通じて解説し，その解決策を考えます．そして，都市をよりよくする意図でつくられた諸制度に縛られている都市の現状を解きほぐし，空間利用のマナーやモラルが変わることで，都市の本質的な進化が進むことを示唆します．

13.1 好きな都市，嫌いな都市

筆者は，都市計画の講義を行う中で，なるべく早い段階で受講生に，「好きな都市，嫌いな都市」と「その理由」を尋ねることをほぼ毎年行っています．それを都市のことを考えるための一つのきっかけにしてもらうのですが，興味深いことに，そこで出てくる回答にはいくつかの決まったパターンがあるようです．嫌いな都市はさておき，好きな都市としてよく挙げられるのは，多くがパリやロンドンといった欧州の都市です．もちろん人によって好みの違いはありますが，美しくて歴史があると思われる都市が好きということは多くの人に共通のようです．しかし，パリやロンドンよりもじつはもっと歴史があるはずのわが国の都市は，あまり好きな都市には挙げられません．どうしていったいそんなことになってしまったのでしょうか．

それは，海外と日本で都市のでき方，つくり方の差に起因することは間違いないようです．ちなみに，日本と海外の都市や都市計画の違いを調べている研究者は少なくありません．また，多くの関連する書籍や調査レポートも存在します．それと同時に，海外と日本は違うのだから，「海外ではどうだ」という話ばかりしてもしょうがない，という批判も数多くあります．確かに，海外の取り組みを学ぶといっても，取り入れやすい表面的な「コピー」のようなものばかり増えて，本当に参考とすべき本質的な部分というのはなかなか取り入れるのは難しいというのが実態と思われます．ここでは，一つの議論の材料として，海外事例として「参考とすべき」といわれることの多いトランジットモール（自家用車の流入を制限し，公共交通と歩行者のみで構成される商店街）を一例に，**日本でなぜ好かれるような都市空間がなかなか生まれにくいのか**ということを考えてみます．

図 13.1 に，海外の都市でよく見かけるトランジットモールの一例を示します．先述したとおり，トランジットモールは自動車利用を制限し，歩行者が安心して歩ける空間づくりを意図しています．この写真にもあるように，子供も遊べる空間です．また，沿道の店舗などと交通空間との間に境目がなく，道路空間が一体としてデザインされています．まず，そもそもわが国では残念ながらこのようなトランジットモールを整備することはできない仕組みになっています．それをなぜかと問うと，公共交通と歩行者が交錯するのは「危ない」という交通安全上の理由からだそうです．それではわが国の道路空間がどれだけ安全かというと，**図 13.2** のような状況が一般的になっています．歩行者のためには歩道をつくれば安全という論理で，このような狭い道路空間の両側に歩道がつけられています．沿道には店舗があるため，搬入用などの自動車は駐車する必要もあり，結果的にこの図にあるように歩道に乗り上げて歩道をふさぐ形で駐車車両が点在することになります．このため，歩道を歩くベビーカーを押す母親や高齢者は，わざわざ駐車車両を避け，その陰からおもむろに車道に出なければここを通れません．また，場所によってはこのような歩道への乗り上げ駐車を避けるためか，もしくは歩道と車道の境界をわかりやすくするためか，何箇所もしっかりとした柵が設けられています．

図 13.1　トランジットモールの例（ドイツ，カールスルーエ）

図 13.2　日本のまちなかの典型的景観

このように狭い道路でありながら，しっかりと歩道と車道が見た目に分離されたため，結果的に自動車は安心して高速で飛ばすようになってしまいました．そしてこのように様々に手を加えた結果，道路空間はきわめて醜い様相を呈しています．この道路を取り巻く沿道空間を眺めてみても，色やデザインも形態も異なる様々な建物が雑多に入り乱れており，無数の電線の存在がさらにこの空間の混迷度を高めています．このような都市空間を好きになれという方が確かに無茶です．われわれが見慣れている日本の都市風景は，なぜこのようになってしまったのでしょうか．

13.2 思考停止がもたらすこと

このような都市空間ができてしまう原因を突きつめれば，都市空間づくりに関係する誰もが小さな範囲の中でまじめに行動し，そして思考停止していることによるものと考えられます．たとえば，とにかく歩道をつくれば安全なんだ，という方針が一度決まってしまうと，とにかくどこでもかしこでもまじめに歩道をつけていくのがよい，という思考停止が発生したと思われます．これは，まじめといえば肯定的に捉えられるかもしれませんが，ルールや制度がそうなんだから，そうしておけば誰からも責められることはない，という**責任逃れを前提とした姿勢**ともいえます．このような思考停止は，組織運営の縦割り志向が強ければ，一層顕著になる傾向があります．道路のハード面の整備は道路部局がやっていること，交通安全は警察が管轄していること，土地利用コントロールは都市計画部局がやっていること，電線の配置は電力会社がやっていること，などなど，これらお互いが横の連絡を取らず，それぞれ自分が一番やりやすいように，形式的に責められないように仕事を進めた結果，図 13.2 のような風景があちこちにできあがるということになります．

もう少し厳しいいい方をすれば，これらはすべて**ほかの人のことを考えない，換言すれば，公共性（public）に対する配慮の欠如**ということでもあります．自分のことだけを考えて行動した場合の多くは，その場では一見自分にとってプラスになるように思われますが，総合的，また長期的に見るとむしろマイナスになることが少なくありません．たとえば，トランジットモール導入に際しては，交通安全を理由とした反対だけでなく，その沿道に立地する商店主による反対も存在します．自動車が自分の商店の前面に直接駐車できなくなると，お客さんがそのぶん減ってしまうといったことがその反対の主たる理由です．しかし，トランジットモールは便利な公共交通の導入と沿道環境の整備を通じ，歩行者にとってより快適な環境を提供することが目的です．適切にトランジットモールが導入された都市では，その導入前と比較して歩行による通行者数が大きく増加しています．本来その導入でもっとも利得を得るはずの中心市街地の商店主などが，現在の狭い利得を守ろうとして現状を変えるプランにはとりあえず反対するという姿勢であれば，この醜い空間は改善されることなく劣化が進んでいくということになります．

全体のメリットを大きく増進させるうえで，**多少のリスクは自ら受けるという発**

想がなければよい都市はできません．その意味で，住民を含めて関係者の主体性が求められます．皆が少しずつマイナスを受け入れることで，それを大きく上回るプラスを得ようとしていることが理解される必要があります．そのような協調を可能にするうえで，繰り返しになりますが，関係者相互の信頼関係はとくに重要な要素となります．トランジットモールの例でいえば，その一つの目的は公共交通部分をきわめて便利にして，人の動きをまちなかに誘導するということです．このため，公共交通部分での採算は取れないことが前提ですが，町全体として黒字化ができればよいという発想です．これを，公共交通部分だけを切り取っても黒字にしなければならない，というのが現在の日本の姿です．これは，企業のオフィスが入居した高層ビルの中で，エレベータ運行のコストをすべてその利用客から徴収しようという理屈と同じです．そのような部分的な目的をがんばって達成しようとすると，赤字路線はますますサービスがカットされ，まちなかに人が流れこまず，まち全体がさらに赤字化するという悪循環になってしまいます．**全体を見ることができるか，そしてそのためにお互いに協調できるか，ということを，尊厳ある人間として試されている**状況にあるといえます．

13.3 何のための制度か

制度がそうなのだから，それに従っておけば誰からも責められない，という思考停止が大きな問題と指摘しましたが，こんな笑い話があります．筆者は，1990年代に図10.2に示した分析結果などを通じ，拡散型の都市開発を改め，コンパクトシティを前提とした都市づくりを行う必要があることを述べてきました．この結果，2000年に国の関係者に対して講演する機会に恵まれます．しかし，その際の担当者の回答は，「いまのお話でコンパクトシティがよいことはわかりましたが，コンパクトシティがよいとは法律には書いてありません」というものでした．都市をつくるのも，制度をつくるのも人間です．よい都市をつくるための行為や，そのために汗を流している人を支えるために制度や法律があるはずなのに，中央政府のレベルでも，制度が単に担当者が思考停止を許してもらうための道具にしかなっていないことに深い失望を覚えました．このような**担当者の考えや行動を改めてもらうのが，よりよい都市を実現するうえで，じつは本質的**であるということにも気づき，「**行動変容**」がそれ以来，筆者の研究テーマに新たに加わりました．

ほかの多くの専門分野もそうかもしれませんが，見ようによっては，都市計画という専門分野は諸制度の山から構成されています．制度はシンプルな方がよいわけですが，何か新たな問題やニーズが発生すると，制度を抜本的に改善するのは大変なので，そのための制度をつけ加えていくということが繰り返された結果，制度の総量が増えてしまったといえます．このような現状も，あまり望ましいとはいえません．

このため，一般的な都市計画の教科書は，どうしても制度の解説書になる傾向があります．制度をきちんと網羅的に提示しようとすると，現在ではほとんど使われなくなった制度もある反面，追加される制度もあるので，教科書はどんどん分厚くなっていきます．また，教科書に書いてあることとして諸制度を最初に頭に入れてしまうと，どうしてもその制度が正しいという前提のもとで，その制度を守るための行動を取るようになります．都市計画においても，最初の基礎教育は，制度の丸暗記ではなく，考え方を身につけるという意味で非常に重要です．

一方，本書については，ここまでお読みいただいた方はおわかりいただけるかと思いますが，制度の解説はなるべく最小限に抑えるようにしています．社会が変わっていく中で，どう都市計画に対する考え方を変えていく必要があるのか，そしてその手掛かりをどうつかむのか，**そのヒントを提示することにむしろ本書は重点を置いています**．最初に学ぶ機会において，発想を自由に広げられるようにしておくことは，とくに都市計画の専門家になる人にとってはきわめて重要な要件であるためです．

13.4 次の進化に向けて

屋上屋を重ねるように都市計画制度は拡充されていますが，それでもうまく機能していない側面があることは否めません．たとえば，8章で解説したように，当面の市街化を抑えるエリアは市街化調整区域としての指定がなされています．しかし，そのような区域においても，場所によっては様々な建物の立地が生じ，望ましい土地利用コントロールができていないところが散見されます．スプロールはまだ十分に抑止できていないということです．そのようなこともあって，「都市計画の仕組みを多少変えたところで，都市空間のありようを変えていくことは無理でしょう」という意見が語られることもあります．これらは制度解説を中心とする一般的な都市計画の教科書にはまず記載されることがないコメントといえますが，実際の都市計画を議論するうえでは避けて通ることはできない議論といえます．

上述のように，制度的には立地を抑制しようとしているのに，それが実際にあまり機能していないのは，立地しようとするニーズが実際には高く，抜け道的な様々な方法を通じてでも立地を試みた方がよいと考えられており，それが社会的にとくにとがめられていないということです．わかりやすくいえば，それが社会的によくないと十分に認識されていないということでもあります．逆にいうと，誰もがいけないと思っていることは，たとえ法律や制度で禁じられていなくとも，そのような行為がなされることは通常ありません．わかりやすくいえば，マナーやモラルの水準でいけないことと判断される事柄であれば，それは社会において守られるといえます．その意味で，拡散して住むことは地球環境，資源消費，弱者対応，公共交通維持，といった様々な側面からよろしくない，ということが制度としては形になりつつあっても，まだマナーやモラルとしては一般に理解されていないといえます．一見遠回りのように見えますが，制度として縛ることよりも，**拡散した形で住まないということが，暮らし方，住まい方のマナーやモラルとして浸透してこそ，持続可能性へのアプローチが真に可能になる**と考えられます．実際に，福岡県などの一部の先進自治体では，都市計画の中にこのようなマナーやモラルをどう取り込んでいくかという議論も行われるようになってきました．

また，「都市空間のありようは固定的で変わらない」という見方は必ずしも正しくありません．これは上記の都市空間に対するマナーやモラルの考え方が果たして変化するのかどうかということとも深くかかわっています．たとえば，たかだか200年ほど前のフランス革命の頃，パリではベルサイユ宮殿でもトイレの施設がなく，一般市民の糞尿は道路に流されていたといいます．近代都市において下水道整備が空間づくりのうえで常識となったのは，ごく最近なのです．自動車が一般に普及したのも，たかだかこの100年の間です．それによって，道路整備や都市の施設配置の考え方は，それ以前と比較して一変することになりました．

空間利用の常識が変化したもっと最近の例を挙げるなら，喫煙に関する考え方の変化などがよい例でしょう．筆者の学生時代には，講義の際，タバコを吸いながら教壇で話をされていた先生もいました．このようなことはいまでは考えられません．ちなみに，**図 13.3** はフランスの高速鉄道 TGV の駅での停車風景です．車内はすべて禁煙のため，愛煙家は短い停車時間の間にプラットフォームに出て急いでタバコを吸っているという状況です．また，**図 13.4** に示すとおり，東京都千代田区ではすでに路上での喫煙がすべて禁止されています．それは喫煙という観点から，空間利用に関するマナーやモラルがこの短い間に完全に変わってしまったことを示唆

図 13.3　フランス TGV の停車時間にホームに出てタバコを吸う乗客

図 13.4　千代田区の路上喫煙禁止の告知

しています．みんなが**その制度を守って当然と思う常識が浸透することではじめて，その制度を市民が守ることができる**ようになるといえます．

なお，現在人類が置かれている状況は，都市計画の範囲にかかわらず，有史以来非常に特殊な転換点にあるといえます．人類の歴史ははじめて石器を使用したといわれるホモ・ハビリスの出現以来，現在までに 200 万年の歴史があるといえますが，その間はどうやって食糧生産や産業活動を増大させるか，ということがつねに意識されてきたといえます．これは，各時点や各場所でその目的が達成されたかどうかは別にして，資源の有限性や環境のキャパシティに配慮することなく，つねに右肩上がりの成長拡大を意識し，その傾向は産業革命以降とくに顕著になったと考えられます．ところが現在では，地球がもつ資源の有限性や環境のキャパシティが誰の目にも見えるようになり，**いままでのような単調な右肩上がりの発想に基づくだけでは，様々なリスクを顕在化させてしまう**ことがようやく理解されはじめています．このような変化は，人類の歴史から考えると，われわれは転換点というより，折り返し地点にいるといえます．そしてそのような状況は，人間の最大の創造物ともいえる都市のあり方にも大きな変化を起こすように促しているのが現状といえます．

このため，好むと好まざるとにかかわらず，また，必ずしも予想できる範囲には収まらない形で，都市はさらに進化を続けることが求められ，その変化が遅くなることはないように思われます．喫煙の話に戻ると，公共の場では禁煙が基本というマナーやモラルが確立されるようになったのは，その健康被害リスクが客観的に明らかにされたことも一つの要因です．30 年前にはなかったことですが，いつの頃からかタバコのパッケージには，**図 13.5** に示すような危険性の告知がなされるようになりました．考えてみれば，拡散して居住することのリスクも，様々な観点から

図 13.5　危険性を告知するタバコのパッケージ

図 13.6　将来の郊外住宅分譲シーン？

現在客観的に明らかにされつつあります．半分冗談ではありますが，その危険性が十分に広く認知されるようになると，ひょっとしたら自動車依存を前提とした郊外住宅の分譲に際しては，タバコのパッケージと同様，**図 13.6** のような危険性の告知をすることが義務づけられるような時代が来るかもしれません．振り返ってみると，この数十年の間に生じている変化はそれほど激しいものです．このため，「都市空間のありようは固定的で変わらない」のではなく，「**柔軟に変わるものなので，的確な計画を通じてしっかりとよい方に変えていく**」という姿勢をもつことが重要です．そしてそれは，法律や制度，助成金といった枠組みでしか実現されないと決めつけず，むしろ多少時間はかかるかもわかりませんが，マナーやモラルとしての浸透が実効性の担保につながるということを理解する必要があります．

この本を手にされたあなたが，都市の次の進化に向けて，大きな役割を果たしてくださる事を期待して，筆をおきたいと思います．

索　引

■あ　行

IFHP　27
IPCC　76, 78
青木伸好　43
空き地　16, 54
空き家　16
明智地区　115
アジェンダ 21　76
アジリティ　40, 55
アダプト制度　154
アーバークロンビー　27
アーバンフリンジ　42
新たな公　153
アロンゾ　6
イエテボリ　23
インスペクター　150
ウァロ　1
ウィーン　31
ウォーカビリティ　72
裏　庭　30, 149
エクサーブ　51
エコまち法　130
エコロジカル・フットプリント　82
SDGs　77
エッジシティ　52
恵那市　115
NPO　152
F プラン　44
エリアマネジメント　117
大　阪　31
屋外広告　66
O2O　143
オンラインワーク　144

■か　行

階層性　8
ガイダンス　44
外部経済　130
外部不経済　14
顔認証システム　134
仮想都市　143
カッパドキア　24
カーボンニュートラル　78
カールスルーエ　126, 161
環境負荷　82
気候変動　60, 76
規制緩和　38, 112
機能空間　43
規模の経済　7
キャップ・アンド・トレード　83
強靱性（レジリアンス）　59
協　調　15, 26, 129, 156, 163
居住誘導区域　131
拠　点　128
近質空間　43
近隣住区　29
クリエイティブシティ　121
クリスタラー　8
クリームスキミング　39, 55
グリーンベルト　27
クル・ド・サック　29
計　画　35
景　観　15, 17, 61
景観法　65
CASE　136
ゲーム理論　156
減　築　119
建ぺい率　102

減　歩　100
権利変換方式　106
広域計画　44
広域連合　156
郊　外　5, 16, 51, 142
郊外化　8
郊外地区　12
公開空地　67, 103
公開審問　151
公共交通　38, 55, 86, 123
公共事業　118
交通弱者　55
交通政策基本法　55, 131
行動変容　156, 159, 163
後背圏　8
高齢化　16
石　高　81
国土計画　45
国土形成計画　45
小林一三　109
COVID-19　131, 139
コペンハーゲン　129
混雑率　86
コンパクトシティ　123, 163

■さ　行
再生可能エネルギー　136
さいたま新都心　112
サイバー空間　134, 139, 142
サイレント・マジョリティー　150
サブスクリプション　135
三次医療圏　70
蚕　食　13
JR 大阪駅　107
ジェイコブス　155
汐留シオサイト　112
CBD　5
市街化区域　92
市街化調整区域　92, 164
市街地開発事業　100
市街地再開発事業　100, 106
持続可能性（サステイナビリティ）　75
市町村マスタープラン　90
実空間　134, 142
自動運転技術　134
シードバンク　117
市民参加　152
社会基盤　7, 13, 140
社会資本　18
社会的包摂　121
斜線制限　102
囚人のジレンマ　156
集積の経済　7
集積の不経済　7
集積の利益　6
住民投票　149
重要伝統的建造物群保存地区　64
縦　覧　151
縮　退　118
シュンペングラー　20
冗長性（リダンダンシー）　71
職住近接　27, 129
ジラルド　43
シンガポール　31
人口減少　15
深　圳　31
森林面積　76
スプロール　13, 26, 42, 92, 138
スプロール・コスト　14
スプロール市街地　62, 130
スマートグリッド　137
スマートシティ　134, 137
スリーマグネット　26, 144
生活環境　49, 86
生活圏　140
生活の質　70
生産緑地　93
成長極理論　45
世界都市　31
接触の密　132
セットバック　69
全国総合開発計画（一全総）　45
線引き　92
総合計画　91
総合指標　82
創造性指標　121

ソーシャル・キャピタル　155
ゾーニング　51

■た　行
大規模プロジェクト方式　45
第三者　150
台　北　68
対流原則　44, 88
大ロンドン計画　27
Town & Country Planning　42
脱炭素　78
多様性　119
タリン　22
地　域　43
地域地区制　93
地域特化の経済　7
地球環境　49, 75, 78, 86
地区計画　96
チャールズ・ランドリー　121
中山間地域　56
中心市街地　4, 51
中心地　7
中心都市　8
騎　楼　69
つくば研究学園都市　29
付け値地代　5
田園都市　26
定住構想　47
デジタルツイン　143
テレワーク　139
伝統的建造物群保存地区　64
デンバー　52
同心円地帯モデル　4
都市機能誘導区域　131
都市化　11, 13, 81
都市活動の撤退　17
都市化の経済　7
都志計画　42
都市計画区域　90
都市計画制度　88
都市計画区域の整備，開発及び保全の方針　90
都市計画区域マスタープラン　90
都市構造　5, 56, 123, 139
都市再生特別措置法　111, 131
都市人口率　1
都市の再構築　105
都市の密度　132
都　心　5, 51, 142
トータルスペース　143
土地区画整理事業　98, 100
ドバイ　33
トランジットモール　53, 127, 160
トリプルボトムライン　87
トレード・オフ　86
登　呂　21

■な　行
名古屋駅周辺　113
二酸化炭素（CO_2）排出量　76
ニュー・スリーマグネット論　144
ニュータウン　27
ニューラナーク　25
NIMBY　149
農村計画　42
直方市　115

■は　行
バイオキャパシティ　83
ハザードマップ　59
バージェス　4
パーソントリップ調査　137, 140
パットナム　155
パブリックコメント　147
原広司　22
バレッタ　38
パ　リ　141, 160, 165
バリアフリー　57
パルミラ　20
ハワード　26
ハンザ同盟　22
ハンメルフェスト　24
Bプラン　44
干潟（マーシュ）　84
評価指標　82
ビルバオ　66

ヒンターランド　8
ファシリテータ　148
15-minute city　141
フィンガープラン　129
風致地区　64
風　土　63
フードデザート　54
扶養可能人口　81
プラン　35
ブランデンブルグ都市圏　129
プランナー　40, 115
プランニング　20, 77
ブルントラント　75, 123
プレイスメイキング　120
ブレーンストーミング　148
盆　塘　28
平安京　21
ベイシティ　30
平城京　21
ベッドタウン　27
ペリー　29
ベルリン　129
ホテリングのモデル　3
ボランティア　152
保留床　106
香　港　66

■ま　行
MaaS　135
馬　籠　23, 67
マスタープラン　88, 128
マルタ　38
ミチゲーション　84
メタバース　143
モエレ沼公園　69

■や　行
焼畑式商業　62
夕　張　120
ユニバーサルデザイン　57
ユニバーサルなデザイン　55
容積率　67, 102
用途地域　96
よこはまみなとみらい 21 地区　112

■ら　行
ライトレール（LRT）　53, 114, 127
ラドバーン　29
ランキング指標　31
リオサミット　76
リチャード・フロリダ　121
立体道路　68
立地適正化計画　60, 131
リバース・スプロール　17
リノベーション事業　117
ル・コルビジュエ　28
歴史的風土特別保存地区　63
歴まち法　65
レッチワース　26
ローカリズム　156
ロサンゼルス　126
ロバート・オーエン　25
ロンドン　25, 160

■わ　行
ワークショップ　148

著者略歴
谷口　守（たにぐち・まもる）
1984 年　京都大学工学部卒業
1989 年　京都大学大学院工学研究科博士後期課程単位取得退学
1989 年　京都大学工学部助手
以降，カリフォルニア大学バークレイ校客員研究員，筑波大学社会工学系講師，ノルウェー王立都市地域研究所文部省在外研究員，岡山大学環境理工学部助教授，2002 年同教授などを経て，
2009 年　筑波大学システム情報系社会工学域教授
現在に至る
工学博士

著書に「ありふれたまちかど図鑑」（共著，技報堂出版，2007 年），「Local Sustainable Urban Development in a Globalized World」（共著，Ashgate，2008 年），「実践　地域・まちづくりワーク」（単著，森北出版，2018 年），「世界のコンパクトシティ」（編著，学芸出版社，2019 年）などがある．本書の初版「入門　都市計画」は 2015 年日本地域学会著作賞を受賞．国際住宅・都市計画連合（IFHP）評議員，社会資本整備審議会都市計画・歴史的風土分科会分科会長などを歴任，文部科学大臣表彰，都市計画学会石川賞受賞．

入門　都市計画（第 2 版）
都市の機能とまちづくりの考え方

2014 年 10 月 14 日　第 1 版第 1 刷発行
2021 年 9 月 3 日　第 1 版第 10 刷発行
2023 年 11 月 14 日　第 2 版第 1 刷発行

著者　谷口　守

編集担当　大野裕司・岩越雄一（森北出版）
編集責任　富井　晃（森北出版）
組版　創栄図書印刷
印刷　丸井工文社
製本　同

発行者　森北博巳
発行所　森北出版株式会社
〒 102-0071　東京都千代田区富士見 1-4-11
03-3265-8342（営業・宣伝マネジメント部）
https://www.morikita.co.jp/

ISBN978-4-627-45262-6